U0186515

GRAVITARE
万有引力

真 实 的 故 事 是 最 好 的 故 事

HERO
反英雄史

WILLIAM T. VOLLMANN

〔美〕威廉·T.沃尔曼————

著

张英杰————

译

地心说的陨落

哥白尼与《天球运行论》

SPM
南方出版传媒
广东人民出版社
·广州·

COPERNICUS

一个曾在地球上生活过、不会复生的人，一个拥有远大梦想但无法实现这些梦想的人，一个迷失在超出自己理解范围的广阔宇宙中的人，一个将生命奉献给一项事业的人，在他死后，他的成就逐渐蒙上了灰尘。

假如我们制作一个大到足以覆盖整个北美洲的银河系模型，地球……大概只有一个大分子那么大。

——威廉·T. 哈特曼（1982）

这本书是一系列科普读物中的一本，该系列主要由非专业人士撰写。就我自己而言，写作的过程是一次自学者的练习——练习如何解释一门略微超出我的智识范围的学科。幸好有一位天文学家帮我纠正了许多错误。手稿第86页："很遗憾，这个说法不对。"手稿第110页："我认为这个论点难以让人理解。"（这句话的意思翻译过来就是："很遗憾，这个说法不对。"）如果说，经过修改后的手稿比之前更准确、更好了，那么我应该感谢的人就是埃里克·詹森博士。

见此图标微信扫码

辅助阅读：哥白尼与《天球运行论》。

说　明

本书中，"Earth"指地球，而"earth"指泥土，即古代哲学中的四种基本元素之一。为了保持前后一致，我对引文做了修改，以符合这一用法。另外，我也把诸如"centre"之类的英式拼法改为了美式拼法（前者大多来自于非英文著作的译文）。

经过一番犹豫之后，我决定将恒星天球（Sphere of the Fixed Stars）、太阳天球（Sphere of the Sun）等术语的首字母大写，这是为了表明多数古代天文学家相信这些天球是真实存在的实体，或者至少相信它们是与地球相隔一定距离的界限分明的区域。这些名字在原始文献中首字母并没有大写（原始文献是希腊语和拉丁语原文的英译本）。

哥白尼、托勒密、奥古斯丁及其追随者常常使用"世界"（world）一词来指代地球所处的宇宙。（奥古斯丁："用天地二字对整个有形世界做了普遍而简明的概括。"）当我用"世界"一词来指代"我们的星球"或者说"地球"时（这样的情况很少），我都去掉了引号（和大家平时的写法一样）。在哥白尼－托勒密的语境下，"世界"一词我都加了引号，且对这种过时的用法做了提醒。只要有可能，我都尽量避免使用该词，以免导致混淆。

目录

示意图目录

见此图标
微信扫码

辅助阅读：哥白尼与《天球运行论》。

宇宙为何尖叫

在今天看来，16 世纪的科学就和 16 世纪的银器一样，早已失去了光彩。不过，所有经过漫长时间洗礼而褪色的理念都曾被视若珍宝，就让它们在"思想博物馆"中占有一席之地吧！如果我们对这些理念中陈腐、过时的部分抱着宽容的心态，真心实意地将它们分门别类、加以改进，说不定还能为我们的思想宝库增光添色。但是，假如有的理念自问世之初就已经是陈腐的呢？第一版《天球运行论》（*On the Revolutions of the Heavenly Spheres*）自始至终没有卖完，一位梵蒂冈天文学家开心地告诉我们，此书自问世仅过了 50 年，"他的数据表就被第谷·布拉赫（Tycho Brahe）[1] 更为精确的观测数据所取代……在那个时候，大多数天文学家都认为哥白尼的书已经过时了"。

"他是一位出生于波兰的学者，停住了太阳，转动了地球。"

确切地说，他并未做到这点：他的日心说并非原创，他对天体的描述也并不完善——感谢那位梵蒂冈天文学家提醒我们这一点。在他

---

[1] 第谷·布拉赫（1546—1601），丹麦天文学家和占星学家，以精确、全面的天文观测和行星观测而著称，在哥白尼之后提出了介于地心说和日心说的折中体系，并把假想的天球从天穹中永远地废除了。（如无特别说明，本书脚注皆为译者注）

之后，科学一如既往地继续发展。在哥白尼的宇宙模型中，地球已经离开了中心位置，然而开普勒进一步将这个模型中行星的自转模板修改成更让人不悦的形状。牛顿将烦琐的几何学推到一边，代之以威力无穷的物理学**定理**。哥白尼的学说蒙上了尘埃。他的《天球运行论》证明了这一点：人类曾经的努力终有一天会被埋没。哥白尼将会用他的模型图和图上标明的角度来告诉你"土星、木星、火星公转的圆形轨道有多大"，但是这几个行星并不听他的话——它们的公转轨道并非圆形。

那为什么还要翻阅《天球运行论》这本遍布复杂数学符号的书呢？

在哥白尼归于尘土很多年后，**牛顿第一定律**问世，其内容如下：**任何物体都将一直保持（匀速直线）运动的惯性或静止的惯性，除非外力改变这种状态**。哥白尼辛勤而孤独的工作改变了世界的惯性：囿于思维上的成见而止步不前的惯性，以及人云亦云地追随时下流行思想的惯性——惯性从来都是盲目的。今天的我们并不比一个 16 世纪的欧洲人生活得更聪明，我们施行正义时并不比从前更谨慎，也并不比从前更具备独立证明宇宙结构的能力，虽然当今的科学界声称我们已经描绘出了宇宙各种各样的面目。我们之所以知道火星围绕太阳旋转，是因为我们看过火星围绕太阳旋转的示意图。而在哥白尼时代，我们所了解到的就会是火星围绕地球转，因为这是托勒密和亚里士多德经过证明得出的结论。可以说，亚里士多德就相当于他那个时代的哥白尼，他的思想超越同时代的人，改变了自古以来的思维惯性。为什么每次发生月食的时候，地球在月球上的影子都是圆的？在解决这一问题的过程中，亚里士多德成了地圆说最早的支持者之一。通过敏锐的观察，他推理出一个复杂的物理力学理论，并野心勃勃地将天文学、数学、哲学、宗教相结合，他取得的成就超过我们这个时代任何一个人所能做到的。亚里士多德死后，他思想的幽魂仍长久地影响着我们。

研究荣格的学者说："自我的集体象征……都会逐渐消亡。宗教、信仰、真理都会逐渐过时……但是，倘若连最崇高的价值也消亡了，失去了震撼人心的神圣品质，我们自然会遭遇最大的危险。"《天球运行论》在那个时代尤为危险，因此也不可或缺。

1543 年，哥白尼终于出版了他的著作（据说在他临终时，有人把刚出版的书放到了他手中）。彼时，欧洲的宇宙观念早已陈旧不堪，两种力量仍在维护着这一旧有的观念：古典天文学和《圣经》。对此二者有所了解后，我们会更理解哥白尼的成就，所以本书将用两章分别介绍它们。本书旨在研究《天球运行论》如何引发了一场革命，因此对哥白尼的个人经历的叙述似乎不过是一种点缀，但我还是会尝试描述他个人的一面，认可他的一些个人品质，以及他克服了（或者没能克服）哪些环境的局限，虽然我们目前所掌握的这方面信息并不多。

正如本书书名所言，《天球运行论》将地球从宇宙的中心推开①，并且给出了更精确的太阳系行星轨道，同时也展示了完成这两个任务需要费多大的精力。这份精力体现在书中的一个个角度，推论，长年累月孤独的工作，加加减减的计算，推论的证明，错误的开端，描绘五颗已知行星的运行路径的 48 个本轮②——这 48 个本轮全弄错了，因为本轮根本不存在（除了月球的轨道是否遵

---

① 本书原名 "Uncentering the Earth"，直译过来即 "把地球从中心移开"。
② 在托勒密体系中，行星循着被称为本轮的小圆轨道运行，而本轮的圆心同时循着被称为均轮的大圆轨道绕地球运行。哥白尼体系也采用了本轮 – 均轮系统。

循本轮尚存争议）！

哥白尼的精力还花在了一堆"因为""所以"的证明以及倾角和倾斜度的计算上，而这其中有许多已经被后来更精确的数据取代了。他的手稿异常整洁，似乎是职业抄写员帮他誊抄的，在手稿某一页的一幅图示中，一组同心圆超出了左手边的页面空白边缘（最里面的一个圆内写有"Sol"字样）。而哥白尼的各项研究也正如这组同心圆一样，超越了他艰辛的努力、犯下的错误，以及他和我们所掌握的知识。他断定我们的星球在自转，无论我们是否相信这一点。这个推论在当时的条件下无法得到证明，要等到 1851 年，也就是他的著作出版、同时也是他逝世 308 年之后，傅科（Foucault）才用单摆实验证明了他的推论。他坚称地球围绕太阳旋转，这一点将在 1838 年由贝塞尔（F. W. Bessel）证明[1]。但是在此之前，人们仍维持着思维的惯性：罗马教廷以慈悲的耶稣的名义活活烧死了乔尔丹诺·布鲁诺[2]；伽利略宣布放弃地球围绕太阳旋转的观点，余生在监禁和谎言中度过[3]。你瞧，哥白尼之前的宇宙观开始式微了，于是，旧宇宙观的支持者为了维护它而打压质疑、攻击它的人，逼迫他们承认原来的天体运行模型。而哥白尼仍继续推论："我们的任务是求出逆行弧段的一半即 FC，或 ABF（＝180°－FC），这样就能得知行星在静止不动时与 A 的最大（角）距离……"他正是这样把地球从宇宙的

---

① 1838 年，德国天文学家、数学家贝塞尔经测量发现恒星系统天鹅座 61 的视差，为地球公转提供了有力证据。

② 布鲁诺不遗余力地宣传并发展了哥白尼学说。在哥白尼体系中，太阳是宇宙的中心，布鲁诺进一步提出，宇宙是无边无际的，太阳也不是宇宙的中心。

③ 伽利略晚年被指控违背圣经教义，遭到监禁。文中的"谎言"大概指他被迫在教廷已经写好的"悔过书"上签字，并被教皇禁止支持、宣传日心说。

中心推开，并使其自转起来的。他极其耐心地完成了这项工作，不过也犯了许多错误。他让地球像一颗出膛的步枪子弹一样旋转了起来，并将它发射到漆黑的宇宙中，瞄准的目标是神圣的未知事物。他求得了 FC 的弧长，在古老的完美宇宙模型上无情地划开了又一道伤口，宇宙因此发出了尖叫。

注解：奥西安德尔的序言以及第一卷第1—4章①

在《天球运行论》这本伟大著作的开头，哥白尼引用了以下传统天文学的论断：**"还有什么东西能比包含一切美好事物的天宇②更美丽的呢？"** 这是柏拉图式的美，它可以让我们抛去恶念，一心向善，我们被它的复杂结构弄得眼花缭乱，不禁思索：上帝是不是真的存在？如果你觉得这个说法不过是故弄玄虚的玩笑，那你也许会崇拜我们这个时代最重要的偶像，马克思给这个偶像取名为"金钱关系"（cash nexus）。哥白尼时代崇拜的另有他物。事实上，直到维多利亚时代，我们还能听到天文学家约翰·赫歇尔爵士（Sir John Herschel）的劝告。他说，摒弃知觉和逻辑上的错误观念"是通向心灵纯净状态的第一步，只有心灵足够纯净，我们才能对道德之美和身体的适应性有一个全面而稳定的感知"。对于赫歇尔来说这是圣公会的抽象信念，而在哥白尼时代这个信念却被死心眼的天主教徒狂热地拥护着。那时候，人们眼中的**天宇**的确更纯净、更永恒，比**月下界**那无常而腐朽的尘世受到的污染更少。我们头顶上方的**天宇**被上帝统治着。在这种情况下，天文学怎会不是一种精神冥想呢？

---

① 指《天球运行论》一书的卷号及章节序号，下同。

② 天宇即指宇宙。

很久以前，在完美无瑕的太阳底下

哥白尼在序言里审慎地赞扬了柏拉图——为了证明他令人不安的新学说具有合理性，他有意夸大了其传统的一面——尽管如此，哥白尼还是继承了柏拉图的学说①。"因为球体的运动轨迹就应该是圆形，"他这样写道，"**通过这种运动来表现其形状**。"在我们看来，这话没什么道理。在很久以前，科学、哲学、宗教已分道扬镳，因此，在提起它们曾经和谐共处的状态时，我们甚至不会有一丝伤感。不过，直至牛顿那个年代，三者之间仍存在同盟关系，虽然哥白尼的学说对于打破这种关系起到了一点微小的作用。一位研究物理力学发展史的学者有如下总结："不可否认的是，在动力学的开创者中存在先于这门科学存在或与这门科学直接相关的形而上学思想。17 世纪的古典作家们离不开这一思想必需品，或者也可以说他们还摆脱不了它的奴役。"在哥白尼生活的 16 世纪，形而上学思想正如同被置于宇宙中心的地球一样，是一种基本的必需品。

总之，柏拉图相信万物有固定的理型②，而我们相信事物具有任意、不平衡、随机等性质。在火星的两个卫星中，为什么其中一个表面的凹槽和坑洼比另一个更多？为什么它们都是三轴椭球体，而不是像台球的母球那样完美的球体？我们的看法是：没那么多"为什么"！随着时间的推移，我们可以看到火卫一

---

① 下文中有提到哥白尼可能是新柏拉图主义者。

② 理型（ideal forms）即观念的形式、理想的形式，柏拉图的理型论认为，在人类感官能够感受到事物的共相之上，存在着一种抽象的完美理型。

（Phobos）和火卫二（Deimos）越来越清晰的卫星图像，这主要归功于哥白尼辞世数十年后（1610 年）问世的一项发明：望远镜。突然之间，人们有可能辨认出月球上的陨石坑、太阳黑子，以及其他表明天体并不完美的迹象。直到 1877 年，从古至今一直环绕火星运行着的火卫一和火卫二才被人们发现，此时距《天球运行论》付梓已有 300 多年。在我们思量此书的伟大成就时，也应当不断提醒自己：在那个年代，恒星和行星只不过是一个个光点，它们的颜色和亮度可能发生变化，它们在天宇中的位置可以被预测。虽然预测的结果并不是很精确（哥白尼在这方面有了一点改进），但这些光点从来都是尘世之外的神秘物体：除了能看到它们的出现与消失，几乎观察不到其他特征，因此它们对我们来说是不可知的。它们是由什么物质构成的呢？自然是某些只应天上有的物质，也许还具有神性。看，它们的光芒多灿烂！数千年前，它们也曾在希腊、罗马、埃及、巴比伦这些文明的上空熠熠生辉；因此，人们就以常识做出判断，认为它们亘古不变，这种观点进一步将它们与我们这个衰败、残暴、浮华的尘世隔离开来。天上仙境怎么可能不存在呢？

在今天讥笑 16 世纪的常识当然容易，但从常识为其服务的地方实用主义（local pragmatism）的角度来看，有常识就足够了。此外，我们接下来将会不断看到，对秩序的渴求巩固了常识的逻辑，后者反过来又稳固了秩序。人们希望能预测未来的吉凶乃至趋吉避凶，因此占星学成了我们数个世纪都不忍舍弃的安慰。

序言的来历

话说回来，还有什么东西能比包含一切美好事物的天宇更美丽的呢？柏拉图、哥白尼、赫歇尔等天文学家前赴后继地探索着。

我在本书的开头说过，经过漫长时间洗礼而褪色的理念经过打磨后，可以恢复曾经的光辉，成为另一个时代的珍宝。那么，序言中的观点——深奥学问的某一分支能够像火箭一样载我们升入高空——也会是一件思想珍宝吗？设想一下，如果我们把这句话放在心上，那我们的生活会有多大改变啊！你认识多少只为追求完美而认定一项使命的人？（我遇到过一些这样的人：艺术家、虔诚的穆斯林、青年情侣。）如果我们之中有更多的人献身于此，地球不就会变得更加美好了吗？一位教皇也持此观点，他说："这是因为，狄俄尼索斯说过，神的法则便是引导最底层的人向上，经过中层，抵达最高的境界。"

但现在，我开始怀疑那个如今已失去光彩的理念是否**曾经**普照过大众！哥白尼那个年代有多少农民能从他们的辛苦劳作中发现点别的意义？（1483 年的法国："这个可怜的劳动者被一帮男人殴打并逐出了他自己的屋舍，却还要付钱给这帮人……" 1480 年的德国："陷入绝路的拾荒者出卖自己，做了奴隶。"哥白尼生于 1473 年的波兰，当时波兰的情况也和这两个地方差不多。）这些不幸的人怎么可能超拔于尘世的污泥、获得崇高的智慧呢？

有一项职业倒是为了让人类变得崇高而付出过很大努力：烧死女巫的人。他们一向忠于自己所认为的美与至善的信念，这也正是他们把美与至善尘封到蛛网密布的角落的理由。不幸的是，哥白尼的故事中少不了这些人的痕迹。

事实上，《天球运行论》由一位好心的新教徒安德里斯·奥西安德尔（Andreas Osiander）来作序，多多少少是因为这些人的缘故。在序言中，奥西安德尔试图为此书的传播铺平道路，他不仅说明了该书的重要地位，也向读者保证，书中的见解不必当真：别担心，地球不是真的绕着太阳转，这只是为了计算方便而提出的假说！

奥西安德尔的序言让哥白尼又惊又恼，而且很可能是导致他中风而死的缘由。据说，书名中"**天球**"这个托勒密式的术语也是奥西安德尔加上去的，不过我看不出有什么理由这么猜想，因为"天球"这一概念在整本书中被多次提及。总之，这篇序言高傲地反驳了《天球运行论》的作者，而哥白尼显然不认为他的理论仅仅是为了计算方便。一位科学史家做了如下总结："奥西安德尔的序言保持着模棱两可的语气，这当然是一种预防措施。虽然这样做并未阻止后来的神学家将此书列为禁书，但对于传播书中的学说还是起到了一定的作用。"换句话说，哥白尼死在了病榻上，而不是被烧死在火刑柱上。

稍后，我们将会估量一下，哥白尼为何冒险出版此书，这样做给他带来了多大危险，以及他对这一危险有多少了解。现在我们还是回到他的著作本身——从这里开始，我们终于可以听到他的声音，而不是奥西安德尔的言辞。

修订版第一卷　第1章　应当如此，所以必定如此

哥白尼说，"世界"确实是球形的。从上下文来看，他所说的"世界"指的不是我们的地球，而是指包括日月星辰在内的宇宙。宇宙是球形的，"这是因为在一切形状中，球形是最完美的"，是因为球形是一切形状中容积①最大的，还因为"万物的边

---

① 在表面积相同的情况下。

界都趋向于球形，就像单独的水滴以及其他液体那样"。接下来他继续以这种方式论述，用了"完美""适宜"等老套的词汇来论证，然后通过类比来强调自己的观点："因此谁都不会怀疑，这种形状也必定属于神圣物体①。"

我们再想想火卫一：一颗破烂、不规则、坑坑洼洼、碎骨头一样的卫星，在黑暗中不停旋转着。再想想我们的月球——根据我手头这本《剑桥星球摄影指南》（*Cambridge Photographic Guide to the Planets*）的说法，月球是"极其不对称"的。

我们是经验主义者，至少在科学领域是经验主义者。对于哥白尼的同代人来说，观测条件受限并未阻碍他们提出自己的理论，因此可以说他们在思想上是骄傲的经验主义者。哥白尼之后，还有一部分人不愿意透过伽利略发明的望远镜看上一眼，因为无论看到什么，对他们而言都没多大价值。（读者估计已经开始怀疑，望远镜是不是本书的另一位主角了。它正在未来的黑幕后面恶狠狠地等着出场呢。阳光时不时透过望远镜照亮哥白尼的故事，烧掉旧宇宙中又一个蛛网密布的角落。）哥白尼本人拒绝让理性这一危险的"氧化剂"彻底腐蚀掉他视若珍宝的东西。说到经验主义，值得注意的是：在酝酿《天球运行论》一书的许多年里，哥白尼只做了 27 次有记录可查的星空观测。数量（或者是我们现在说的"可重复试验"）就这么多，而且他在观测质量方面也同样马虎。他的木制三角视差尺（本质上是一根直尺）的测量精度没法控制在 10° 以内。他的一位年轻门生雷蒂库斯

---

① 哥白尼在手稿中谈到"神圣"物体，这只是在沿用一种长期存在的习惯说法，但他的纽伦堡编辑们，显然害怕遭到教会的谴责，把这一措辞改成了"天"体。

（Rheticus）问他为何不用纽伦堡产的钢环，如果运气好且操作仔细的话，这种钢环可以让误差缩小到4°以内。哥白尼答曰："如果我能让计算结果与真值相差不超过10°，就足够能像毕达哥拉斯发现那条著名定理时一样高兴了。"

哥白尼就是这样一个人。就像俗话说的那样，他并不奢求能得到月亮（ask for the moon）①。他不可能有这种想法，因为他已经知道月亮的属性：球形的，光洁无痕，处于永恒的完美状态。月球应当如此，所以它必定如此。

这一精神贯穿《天球运行论》始终，我们对它了解越多，会越发觉得它陌生。从很多方面来看，哥白尼全然不是我们所认识的那个哥白尼，而是一位虔诚的托勒密信徒。对于某些与天体圆周轨道这一模型不相符的恼人事实，哥白尼做了如下评价：既然一想到它们所反映的可能情况"心中就不禁战栗"，那就必须要捍卫圆周轨道模型。哥白尼的确这样做了，而且用了特别复杂的方法。

这不也是合情合理的做法吗？一位科学家理应遵循他的观测结果，无论观测结果会将他引向何种理论，他都应以此为依据，修正他的判断。科学家经常遵守这一准则，尤其是现在，原汁原味（有时只是一种假象）受到人们的尊崇。但是，在涉及信仰、政治，甚至涉及他自己的专业领域时，如果遵守这一准则会惹恼他的同僚，那他一定要这样做吗？我们将看到，哥白尼的学说越过了所有的这些界线，因此也遭到了打击。

在思考"（世界）应当是什么样"这一更宏大的话题时，我

_____

① 英语谚语，字面义为想要得到月亮，引申为提出过分的要求或奢求不可能得到的事物。

们要提醒自己：构建概念的目的是为了将我们感知到的随机性转化为有规律的模式。正圆在美感、优雅、数学上的简洁等方面都胜过其他形状。心理学家发现，我们倾向于把类似圆的图形记成封闭、完整的样子，无论它们实际上是否封闭、完整。一旦我们接受了圆形这种模式，那么一想到要废弃它，即便是由于它无法反映现实情况而不得不被废弃，我们心中也会"不禁战栗"。

开普勒在哥白尼的几何学基础上建立了一幢神秘的数学大厦。托马斯·库恩（Thomas Kuhn）① 是这样评价开普勒的："在今天看来，对数的和谐的强烈信仰似乎很奇怪，但我们之所以有这种看法，至少有部分原因是当今的科学家已经准备好发现更深奥的数的和谐了。"也许任一阶段的科学都可以用类似的话来评价它之前的阶段。

总而言之，在我们看来，哥白尼在这部论著的开头使用了一个错误的前提：宇宙是完美的球形，因为它应当是这样。（宇宙到底**是**什么形状呢？别问我。我给你们摘录一句约翰·诺思（John David North）② 在 1965 年说的话："'无限'这个概念谈起来很容易……但是……要想把它谈出点什么意义，很难。"）

大小有限的天球

虽然约翰·诺思是这么说的，但哥白尼的宇宙绝不是无限的。就这个方面来说，他用的仍然是托勒密的宇宙模型。因为这

---

① 托马斯·库恩（1922—1996），美国科学哲学家，代表作有《哥白尼革命》和《科学革命的结构》。

② 约翰·诺思（1934—2008），英国科学史家。

个宇宙有确定的形状（球形），有边界，有尽头。

直到今天，在水手以及方位测定员看来，"**天球**"仍然是个好用的说法。这个天球每 24 小时在我们头顶上方旋转一圈。一位 20 世纪中叶研究三角学的学者提出过这样的建议："这个半径无限大、中心位于地球正中的球体可以用于解决天文学和航海中的某些问题。"对于哥白尼和他的前辈们而言，这个球体的半径并非无限大，而是暂时没法确定其大小。天球内其实还嵌套着子天球，有月球天球以及其他行星的天球。哥白尼体系和托勒密体系的本质区别之一是：在哥白尼体系中，地球也有一个天球，而且和其他行星一道围绕着距离太阳很近的一个点做同心运动。而在托勒密体系中，太阳位于它的天球内，这个天球和其他星球一起围绕地球转动，地球则处于静止状态。两个体系共同的地方在于，在行星的天球之外，还有一个"恒星天球"，所有的星座都位于这个大天球上。在托勒密的模型中，大天球和行星天球同步旋转，每 24 小时自东向西转一周，与此同时，它们也在慢悠悠地往东偏离，每 100 年偏离 1°。而哥白尼认为："在我的原理和假设中，已经假定恒星天球是绝对静止的，而行星的游荡是相对于恒星天球而言的。"不过，在两个体系中，恒星天球都是上帝所造的万物存在的边界。

为什么在天球之外不能有空无一物的空间呢？亚里士多德坚称："大自然厌恶真空。"真空不可能**存在**，因为他那个时代还没有能制造真空的机械仪器。既然真空是不可能存在的，那么恒星天球之外就不存在任何空间，只有"**无**"。当然，以后我们可能会发现天体的其他运动形式，而为了描述这些运动形式，我们需要假想出另外的天球——比如说，几个好心的托勒密信徒提议增加一个缓慢旋转着的天球，以解释一种叫做**进动**（precession）的运动（我们在后文还会提到这种运动）——然而，不管我们怎样规定宇宙的结构，总会有一个天球是最外围的那个大天球。所以，我们还是把这个大天球的位置留给恒星天球吧。

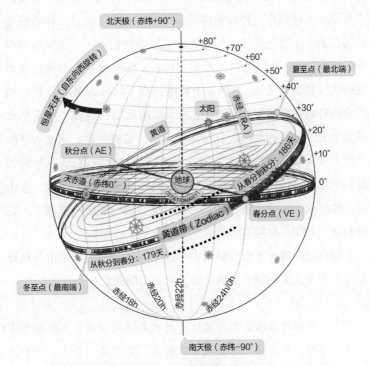

图1　我们所处的位置：托勒密模型的视角（沿用至今）

恒星看上去像是在围绕着天极自东向西旋转。

赤纬：地球纬度在天球上的投影，单位为度（°）。

赤经：地球经度在天球上的投影，单位为时（h）（1h等于15°）。

相信过去那种完美宇宙的朋友们，我问你们一个问题：恒星天球到底是一种现实存在的实体，还是仅仅为了研究方便而做的理论假设？在亚里士多德那个年代，的确有学者认为这些天球（或者应该说空心球壳，这些球壳必须足够厚，厚到能容纳行星以及它们之间的空间，才能够让彼此移动，并且消除中间的真空）是真实存在的。然而，到了500年后的托勒密时代，学者们主要是把天球当作一种理论构想，其目的是为了记录天体不断变化的位置。不管怎么说，托勒密还是鼓励我们做一个恒星天球模型，"要用深色，因为白天看不到恒星，深色才符合夜晚恒星出现时大气层的颜色"；再做一个**黄道**圆盘，均分为360°（我们稍后会解释黄道的意思），用来记录天球的运动；然后"用黄色或者其他有区分度的颜色"在球体上点出恒星的位置。无论天球的半径有多大（后世的天文学家会逐渐增加这个数值），它始终还是一个球体，所以每一颗恒星与我们之间的距离必定相同。这个由天体组成的深蓝色恒星天球是我们能看到的最遥远的地方，它将和谐、规律、虚构的形状这三者结合到了一起。

哥白尼回避了宇宙的确切大小这一问题，不过在宇宙与地球相比有多大这个问题上，他总结了前辈们的观点：

> 然而许多人认为，通过几何推导可以证明：地球位于宇宙中心；和浩瀚无垠的天宇比起来，它只是一个点，这个点便是天宇的中心；地球是静止不动的，因为宇宙在运转时，其中心保持静止，而最靠近中心的物体移动得最慢。

在《天球运行论》中，哥白尼只支持上面这段引文中的一条主张，但这是非常重要的一条：和宇宙相比，地球只是一个点。

19世纪时，约翰·赫歇尔爵士写道：一个人需要"扩展"思维，才能"理解宇宙有多宏伟、广阔"，等他的思维"退缩回

来，再度思考自己居住的这个星球时，他便会发现后者相比之下
只是一个点。这个点迷失在茫茫宇宙（它甚至在自己所属的那个
微小系统中①也并不显眼），即便把它和相邻的乃至相隔远一些的
星球并列，也难以察觉其踪迹"。从这番话来看，我们对自身的
认知变得比从前谦卑，人们常常将这一观念上的改变归咎于"哥
白尼革命"，但是显然对此负有部分责任的是托勒密及其追随者。
哥白尼时代的人们早就接受这种观念了。基督教神学也吸收了这
种观念：托勒密的《天文学大成》（*Almagest*）出版两个世纪后，
圣奥古斯丁写道："因此，你从空无中创造了天地，天大地小。"

奥古斯丁眼中的宇宙和赫歇尔所描述的宇宙在广度上有什么
差别吗？简单来说：不管前者大到多么让人叹为观止，它和后者
相比也只是一个点，或者说差不多是一个点。赫歇尔描述的宇宙
广袤无垠，要想标出这个宇宙的中心简直是痴人说梦。

即将新建的教堂应该在哪个时刻奠基呢？问问占星师圭多·
博纳蒂（Guido Bonatti）②，他会把天上星辰的意见告诉你（虽然
但丁把他写进了《神曲》的"地狱篇"）。整个中世纪期间，仍
有许多犹太人相信，上天给每个人分配了一颗星星，我们就在这
颗星星之下出生，它决定了我们的命运，不过命运总是会受到祈
祷、上天的慈悲等因素影响。在赫歇尔的宇宙中，地球踪迹难
寻，这会让我们产生这样的想法：我们永远不能看到宇宙中的大
部分恒星，它们和我们毫无关系。

在这一点上，与赫歇尔相比，哥白尼与奥古斯丁的观点更相
近。《天球运行论》中的一句话可以作为依据："在一切可见的物

---

① 应指太阳系。

② 圭多·博纳蒂（约 1207—约 1296），意大利数学家、天文学家、占星师。

体中，恒星天球是最高的，我认为这是谁都不会怀疑的。"还有一句："令 AB 成为黄道平面上宇宙的最大圆。"哥白尼的学说从没考虑过以下这种可能性：广阔的宇宙在各个方向上延伸——很可能是无限延伸，超过了我们所能想象的最大的圆、最高的物体。

不过话说回来，哥白尼还是先于多数人说明了地球的渺小。下面这句话是《天球运行论》中常见的提示语："如果说地球的赤道倾斜于黄道，这比说较大的黄道倾斜于较小的赤道更合适，因为黄道比赤道大得多。"

第一卷　第 2 章　地球是球形的

哥白尼继续写道，不仅宇宙是球形，地球也一样。

托勒密和亚里士多德早已表达过这一观点。1025 年，伊斯兰学者比鲁尼（Al-Biruni）又重申了这一点，并引用《古兰经》中的话来证明。那么，这个观点是谁先提出来的？在阿那克西曼德（Anaximander）① 看来，宇宙是一个球体，而地球是这个球体中的一个圆柱，如此一来，地球便能充当宇宙之轴。在他之后的阿那克西米尼（Anaximenes）推断出，太阳、月球、恒星是由地球呼出的气体凝聚而成的火球，所以它们显然是凝固的结晶体。克塞诺芬尼（Xenophanes）遵循自己的常识，断定地球是平的。巴门尼德（Parmenides）以及毕达哥拉斯学派的学者认为地球是球

---

① 阿那克西曼德（前 610—约前 545），前苏格拉底时期的古希腊哲学家。下面提到的阿那克西米尼是他的学生；后面的克塞诺芬尼、巴门尼德、德谟克利特同为前苏格拉底时期的古希腊哲学家。

形，但他们并未说服其他人相信这一观点。例如，德谟克利特（Democritus）坚持认为地球是个圆盘。但是，到了公元前 4 世纪，古希腊的思想家们大都与哥白尼的看法一致："世界"是球形的，其中的地球也是球形的。

今天的我们已经知道，地球的形状实际上是梨形的（这是我小时候就学到的知识），或者是橙子的形状（这是赫歇尔的描述），但这不过是一种无关紧要的说明，哥白尼肯定会认为这种说法贬损了地球的完美。（我上高中那会儿用的 1954 年版三角学教科书中有如下建议："在确定两点之间的距离以及其中一点相对于另一点的方向时，我们假定地球是一个半径为 3960 英里的球体。"）回到我们众所周知的事实：上帝是完美无缺的，所以天体的形状也是完美无缺的。球形是"最完美的形状"。不过话说回来，从依赖常识判断出世界是平的，到托勒密和哥白尼推论出世界是球形，这已经是巨大的进步了。而且，我们这个星球也的确是球形，和正球体之间的偏差在 10° 以内——"如果我能让计算结果与真值相差不超过 10°，就足够能像毕达哥拉斯一样高兴了。"

哥白尼是如何证明地球是圆形的呢？我上小学时听过的一个证据是：当一艘船出海时，我们发现船体消失在地平线之后还能看到桅杆上的三角旗；再过一会儿，三角旗也像太阳一样沉下去了。如果地球各个方向都是平的，没有向下弯曲的地方，那这一现象怎么可能出现呢？

这类生活经验看上去有些道理，但也不是无可争辩。比如（先不论其他物理学和天文学现象），可以将上文描述的现象作为地球为**凹面**的证据；如果地球是凹面，随着船的前行导致船体角度发生变化，我们看到的桅杆露出来的部分可能就越多——虽然在我们看来，这种可能性很小，但托勒密还是想方设法证明这点是错误的。

其他的一些观测数据也支持地球是圆形的。在赫歇尔之前，甚至可能早在托勒密之前，就有人用一种叫俯角计的简单仪器测量过可见地平线的角直径，在山上测得的值要比在海平面上测得的值小。也就是说，越往高处走，就越能明显地看到地平线向内弯曲为圆弧状。

但是，这些数据只能让我们通过逻辑推理得到结论，而不能让我们仅凭感官得到判断。哥白尼《天球运行论》的理论最终得到了观测结果的佐证——确切地说，是在391年或392年之后的1934年或1935年，人们从一个升至海拔22 066米的平流层气球上得到一张图像记录（在红外胶片上），图像显示，地球真的是一个圆球！——这样看来，哥白尼的前辈们就更值得赞扬了，因为他们单凭推理就得到了这个结论。

恒星可以作证

让我们回到《天球运行论》。地球之所以是圆的，是因为它应当如此。这里要提到第二个观测证据，让我们看看托勒密的优雅表述：如果我们往北走，就会发现极北的恒星不再往下沉，极南的恒星不再往上升。用哥白尼喜欢使用的专业术语来说，这些恒星视运动的"每日旋转的北天极不断往上升，而相对的南天极则在下降"，因而它们"以同样的速度"消失在我们的视野之外。如果我们往南走，情况便与此相反。如果地球是平的，那我们观察这些恒星的角度就会随我们位置的变动而发生改变，但是地球不会遮挡住它们，可实际上它们的确会被遮挡。这一点至少能够有力地支持地球是凸面体甚至很可能是球形的观点，毕竟航海者们还没发现地球有边缘。在《天球运行论》出版的 21 年前，麦哲伦率领的船队在麦哲伦死去的情况下，仍坚持完成了人类首次环球航行。

（对于北方向的问题，这里需要说一点：从我们现在去中心化①的角度来看，北极就是地球自转轴的两端之一。是什么样的巧合使得哥白尼的前辈们和我们现在定义的"北"是同一个方向？答案是根据经验判断，也可以说是根据古巴比伦的方法②——日晷棒或者说晷针的影子会随着太阳的视运动而不断改变。但在每天的正午，即影子最短的那一刻，影子的方向永远相同。在北半球，这个方向就是北方。）

哥白尼下面这段话的描述要归功于托勒密："还有一点就是，东边的居民看不到我们这里傍晚发生的日食、月食，西边的居民也看不到早晨的日食、月食……"如果地球是平的，那么地球上的每个人就都应该能同时看到早晨或傍晚的日食、月食。

此外——和《天球运行论》中的许多部分一样，这一点要从托勒密追溯到亚里士多德——月食是由地球在月球上的影子造成的，而这个影子恰好是圆形（"完美的圆"，哥白尼一如既往地写道）。所以说，地球怎么可能不是球形呢？

《天球运行论》的这一部分充分代表了全书的内容构成：掺杂着虔敬、推论，以及无可辩驳的观测结果，比如："在意大利看不到老人星（Canopus），而在埃及却可以看到它。"——要知

---

① 去中心化（uncentering 或 uncentered）是作者常用的一个词，指"地心说"的观念被打破后的观念或视角转变，使人们认识到地球并非位于宇宙中心。

② 世界上最早的日晷诞生于古巴比伦王国，故有此说。

道，哥白尼从来没去过埃及。不过他干吗要亲自去呢？托勒密及其前辈已经在那里把所有需要做的测量都做完了。

第一卷　第3章　地球的水陆之比

紧接着，哥白尼推出了地球的水陆之比。他说，陆地体积一定大于海洋体积，否则我们就会身处海洋底下了。此外，这里还有一个很好的例子，能体现哥白尼的晦涩不明——"球的体积与直径的立方成正比。假设大地与水的体积之比为 1：7，那么大地的直径就不可能大于从（它们共同的）中心到水的边界的距离。"他这段话是什么意思呢？7 的立方根约为 1.92，我们假设由这部分水构成的假想球体的直径为 1.92 单位，那么其半径为 0.96。同理，我们将 1 的立方根除以 2，就得到了由这部分大地构成的假想球体的半径为 0.5。因此，如果两个球都是正球体，且半径比为 0.96：0.5，那我们就要沉到海里去了。老实说，我对哥白尼的推论不以为然。为什么陆地不能像海胆的脊刺一样，从海底深处一个小小的石质地核上高高而陡峭地升起呢？不过，哥白尼的假设碰巧是对的。尽管地球表面几乎 75% 的面积被水覆盖[1]，但海洋的深度不超过 5 英里（约 8 千米)[2]，算下来不过是地球半径的$\frac{1}{792}$。

这就是《天球运行论》不同寻常的一点：在没有足够数据，甚至在推论的根据完全错误的情况下，哥白尼经常能得出完全**正确**的结论。

---

[1]　普遍被接受的数值为 71%。
[2]　作者的数据也许不够准确，太平洋最深处达 11 千米。

他指出，假如地球上的水比陆地的体积大，那么我们在海上航行得越远，海底就会越深。但是，由于大陆和岛屿接连不断，所以他认为海底不会太深（请诸位再考虑一下我的"石海胆"模型）。确实如此。他说（在这一点上，他的直觉似乎极为敏锐），我们不断发现新的陆地，例如美洲就是在《天球运行论》出版51年前被发现的。就哥白尼所知，这些新大陆可能在未知的区域出现边界，如果是这样的话，水可能会比陆地还多。他还大胆地写道："如果存在对跖点（antipode），我们也不会感到特别惊奇。"——例如（北极地区的对跖点是）南极洲，人类直到1820年才发现这片大陆。

第一卷　第4章　永恒的圆，一圈又一圈

确立了还算令自己满意的地球的构成和形状后，哥白尼开始考虑问题的核心。

"现在我想到，"他写道，"天体的运动轨道是圆形的。"

如果以地球为参照点，我们会看到太阳每天自东向西旋转。我本人在北极度过许多个夏天，观赏过不落的太阳在天空中一圈又一圈旋转着的景象。如果给定一个昨天的时间和地点，我就能知道太阳在今天同一时间位于何方，并以此来辨别方位。（哥白尼："在地轴与地平圈①垂直的地方，恒星不存在升起和落下的运动，所有恒星都在天空中盘旋……此时，地平圈与赤道重合。"）以常识来判断，我们是静止不动的，是天宇在围绕我们旋转。既然《圣经》将我们身上一直存在的原罪与可能得到的救赎作为人生的中心，那么我们为什么不可以是世界的中心呢？巴门尼德和

---

① 地平圈（horizon）是指观测者所在的地平面无限扩展与天球相交的大圆。

德谟克利特的观点分歧只不过是两个心灵之间的对抗，但是异端邪说与真理的对抗就是另一回事了！

　　一条有悖于常识的事实是：月球运行的方向与太阳相反。所以好心的托勒密信徒们只好假设太阳和月球位于两个不同的天球内，围绕着我们转动。当代天文学家埃里克·詹森（Eric Jensen）说得更准确："它们的方向是相同的，看上去每天都是东升西落，且相对于其他恒星缓慢偏移。二者偏移的**速率**不同（月球每天升起的时间比前一天晚 1 小时左右，而太阳只比前一天晚 4 分钟左右），这大概就是它们各自需要一个天球的原因。"

　　唉，用几个平行的天球是无法充分描绘"世界"的，因为当时已知的五大行星各自位于不同的倾斜平面上。用哥白尼的术语（其实也是托勒密的术语）来说，它们的运动轨迹是**倾斜的黄道**（oblique ecliptic）。

黄道与黄道带

　　黄道是什么？为什么它会倾斜呢？

　　很久以前，在环绕地球旋转的完美无瑕的太阳底下，托勒密向我们展示了一种直观、可信的宇宙模型。模型中的宇宙有两种运动，其中一种为"万物总是由东至西运行，速度相同，运行的轨迹是互相平行的圆，这些圆围绕的中心是天球的两极，而天球则以固定的速率旋转"。**天极**就是地球两极在天球上的投影。天极正中的**天赤道**（celestial equator）是各个星球做圆周旋转的平行圆轨道中最大的一个，也是地球赤道在天球上的投影。

　　哥白尼告诉我们，根据所处纬度的不同，某些恒星对我们可见，而另一些恒星则不可见。而且，恒星距离任一天极越近，它运行和升落的范围就越小。然而，我们看到的恒星升起的方向都是东方，升起后，它们便在平行于天赤道的圆轨道上向西旋转，其视位置（apparent position）每小时变化约15°（15°×24便是完整的一圈），它们之间的相对位置永远不变——对于坚持地心说的前辈们而言，这是将繁星闪耀的宇宙构想为巨大的钟表装置，并绕着圆轨道旋转的又一绝佳理由。这个钟表装置在白天或黑夜结束之时刚好走完一圈。（多巧啊！简直是神的意志！）

尽管托勒密说的是"万物"的运行规律，但有一类让人头疼的天体无法归入这"万物"之中：太阳、月球和行星。它们"做着互不相同的复杂运动，而且三者的运动和一般天体的运动都不同"，阿那克西米尼似乎是第一个将这一现象记录下来的观测者。从古至今，我们对此三者的关注超过了其他所有天体，因为正如一部关于魔法史的书里所言："它们通过自己独特的运行轨迹展现了主动性，它们按照自己的规则运行，与其余恒星共同运动的方向相反。"因此，托勒密在《天文学大成》中用了很大篇幅来论述这三个天体。它们的独特运动让他"设想出不同于一般天体的第二种运动形式，即围绕黄道这个倾斜圆的两极运动"。黄道（ecliptic）对应的是太阳走过的路线，这个词的字面意思是"可能会发生日食和月食时的路线"。这第二种运动其实包含一系列的复合运动，其方向与其他恒星运动的方向相反，用通俗的话可以描述如下：看上去，太阳在围绕我们转圈，周期为一年；金星和火星的轨道如同花饰旋曲（curlicues）①，它们一再穿过太阳的路径，时而加速，时而减速，甚至还会往回走（即**逆行**）。火星的轨道虽然稍微规律一些，但也和金星一样，轨道形状像假发般

---

① 在书法和艺术设计中装饰性的弯曲和卷曲，由一系列同心圆组成。

卷曲；远一些的木星和土星更是如此。因此，这些行星时而跑到黄道上，时而又偏离黄道，其运行区域为向黄道两侧各延伸8°或9°的带状轨道。

20世纪中期，天文学家们提出过两种理论来解释上述行星轨道平面的近似一致：要么是因为木星巨大的引力统一了与它相邻的行星的轨道，要么是因为所有行星都是在同一时间形成的。现在看来，第二种理论最终胜出。无论是哪一种原因，就哥白尼对精度的要求而言，行星运行轨道与黄道平面的偏离都可以忽略不计（"如果我能让计算结果与真值相差不超过10°，就足够能像毕达哥拉斯一样高兴了"）。因此，《天球运行论》本来是有可能将这些行星描述成同一根绳上的珠子的；幸好哥白尼在考虑这条带状轨道（当然就是黄道带）的时候，对自己提出了更高的精度要求，这才为他的著作赢得了不朽名声。那个年代的天文学家同时也是占星学家，他们将黄道带平均分为12区，每一区正好30°，这样一来，黄道带就成了一个"年表盘"①，正可对应之前提到的恒星构成的"夜表盘"②。为了显示黄道带被分为12个部分的特点，哥白尼有时也用**十二分盘**（dodekatemoria）这一古名称呼黄道带。每个区域以位于该区的一个显著星座的名字来命名。因此，当我们说"太阳位于双鱼"或者"火星进入了天蝎"时，我们指的是该天体运行到了黄道十二宫的某一宫（美索不达米亚人认为，在后一种情形下，他们的国王就有被蝎子蜇死的危险）。我们还可以据此判断当时的月份——不过这种方法不够准确，其原因是，由于天宇包含一圈又一圈的天体轨道，因此天文学中存

---

① 就是说，太阳相当于表盘上的指针，走一圈的时间为一年。
② 前文提到，恒星转一圈正好一夜（12小时）。

在一个又一个的复杂情况，地轴进动就是其中之一。它指的是天极以庄重而从容的速度旋转，转一圈的周期为 26 个世纪（如今，我们将进动定义为天赤道①受太阳和月球的引力影响而产生的旋转）。

碰巧的是，哥白尼计算的地轴进动周期与我们今天的数据只差 0.1%。

和赤道一样，我们也可将黄道看作一个**大圆**（至少在理想状态下可以这么认为），即过球心的平面与球面的交线。因此，大圆就是将球体平分为两个对称半球的任一"赤道"。由于黄道与天赤道之间存在 23°27′ ②的倾角（或者说由于地轴与垂直于黄道平面的直线之间存在同样大小的倾角），所以哥白尼说黄道是倾斜的。

二分点

两个不平行的平面必定相交，交线为一条直线。两个平面上包含交线③的两个圆相交的两点相距 180°。因此，黄道与天赤道必定有两个交点。托勒密将这两个点定义为**二分点**，"在这两点中，守卫（太阳）北向路径的为春分点，与之对应的即为秋分点"。我们现在的日历将这两个点的日期分别记为 3 月 21 日和 9

---

① 似应为天极，或者说地轴。

② （原注）有人建议我对这个符号做解释，因为本书后面的部分还会用到它。对于度、弧分、弧秒的划分，可参见本书关于视差的一节。弧分用单引号表示，弧秒用双引号表示。因此，黄道与天球赤道的夹角为 23°27′，即约 23.5°。

③ 作者表述不够严谨，应为"两个平面上以交线的一部分为直径（的两个圆）"。

月 23 日，在这两个时间点，地球上所有的地方昼夜时间一样长
（要记住的是，在地球赤道上昼夜时间总是一样长，地球赤道在
天球上的投影即天赤道）。

这样一来，我们之前认为只是两个时间点的日期，像变魔术
一样转换为空间中的两点，日与夜成了黄道这个圆的一部分。这
就是望远镜发明之前的天文学所产生的天才理论，它让哥白尼的
思维得以在星际空间中遨游。哥白尼写道："按相反次序昼夜也
是等长的，因为它们在二分点两边扫出纬圈上的相等弧长……"

黄道的扭动

黄道这个概念虽然简单（以地球为中心的宇宙难道不是由一
个个正圆构成的吗?），但要描绘它实际上很难，因为它的视位置
每时每刻都在变化。哥白尼坚持认为，黄道的倾斜度变化实际上
是由于赤道相对于黄道面的倾角变化，而黄道平面是不变的。一
个不懂天文学、视野只顾及地球的人可能永远不会知道这一点。
2004 年 6 月 10 日下午 3 点 15 分，我在位于萨克拉门托的家里写
下这段话：此刻，朝正南方望去，黄道在我左肩上方划出一道圆
弧，并向右上方弯曲。这道圆弧无时无刻不在急剧变平、下降，
等到了午夜时，它距我所在位置的地平圈还有一半的路途。再过
一小时，圆弧将完全与地平圈平行。然后它继续做顺时针运动，
到了 6 月 11 日早上 6 点左右，它将下降到最低点，在此之后，整
段圆弧开始上升，保持着同样的弯曲度，在渐渐亮起来的天空中
扫出一个个越来越高的同心半圆。到中午 12 点半时，地轴距
恒星 A 或恒星 B 最近时，它在西南角的位置要高于之前——也

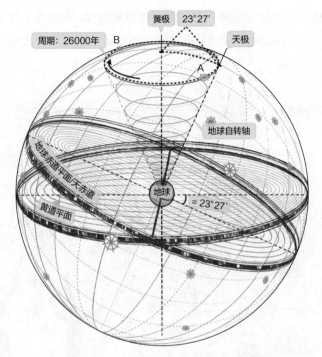

图2　地轴进动（托勒密视角，哥白尼式的解释）

　　地轴距恒星 A 或恒星 B 最近时，A 或 B 就成了"北极星"。天赤道与地轴垂直，并随地轴的摇摆而一起摇摆，但赤道与黄道之间的夹角大小不变①。

就是我开始写这段话的时候——在东南角的位置。（哥白尼："由于黄道倾斜于天球轴线，因此它与地平圈可以有不同的交角。"）到了 2004 年 6 月 11 日下午 3 点 15 分，这道圆弧将回到与 6 月 10 日同一时刻几乎相同的位置。两个位置稍有差距，这是因为太阳穿过

————————

　　① 事实上黄赤交角并非固定不变，只不过变动很小。

其他恒星，每天沿黄道东移约 1°（更准确地说，是每天东移 59′，
而且一天的长度也并非 24 小时整。如果还要说得更准确的话，

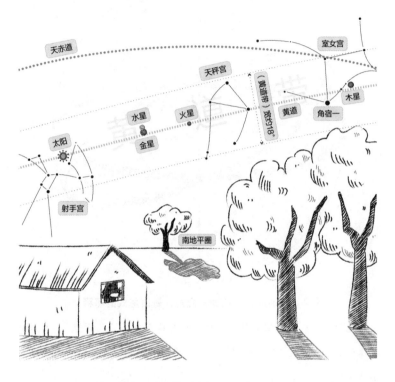

图 3　某一时刻的黄道和黄道带（2004 年 12 月 28 日上午 10∶30，
观测点：加利福尼亚州萨克拉门托市）

我还需要提到如下事实：太阳的视运动速度并非恒定不变，而是
在 1 月最快，7 月最慢，托勒密和哥白尼都对此做了解释），这意
味着太阳大约一年绕天球一周（360°），这个时间就叫做**恒星年**
（sidereal year）。

一个月大约相当于黄道圆上的一小时①——不过只是大致相等。举例来说，夏天的太阳比冬天的太阳高②。

为什么这一运动会如此复杂？因为太阳与行星参与了托勒密所说的两种运动形式。托马斯·库恩是这样解释的："太阳每天都会**随着恒星**一道迅速向西移动……与此同时，太阳**穿过恒星**，沿黄道缓慢东移。"

在我们这个去中心化的时代，我们对黄道的定义恰好与哥白尼之前一贯采用的相反。黄道不再是太阳绕地球一年所走过的大圆轨道，而是"地球绕太阳公转的轨道平面与无限大的天球③相交而成的大圆"。了解了这一点，并且知道地球在不停地绕地轴自转以后，我们就不会像托勒密一样需要用复杂的理论来解释黄道的运动了。何况我们还有哥白尼不具备的魔法般的优势：牛顿力学。我们对引力这个概念了如指掌，因此便很容易接受当代天文学家的如下说法：地球的公转轨道平面经过地月系统重心（显然与地心不是同一个点）与太阳中心的连线。这会进一步改变黄道的形状，我们的观测技术越是进步，就会发现更多理论上需要做出的改变，而改变往往出于诸多微妙的原因。

对两种相反运动的控诉

好了，我们现在已经大致了解了托勒密在夜空中标记的几个

---

① 作者再次用了"钟表盘"的比喻，将太阳在黄道上的运动看作指针在表盘上的转动。

② 指太阳高度角。

③ 此处应指太阳天球，且此天球不应为"无限大"，而是球面与地心重合，才符合黄道的定义。

参考点了，哥白尼和我们也会用到这些点。

　　要是天体的这两种运动互不冲突就好了！那样的话，我们就能想象所有恒星、行星、月球，甚至太阳都固定在同一个旋转着的、可移动的天球上。假如真是这样，位于这个完美宇宙的中心、备受上帝关怀的生命该会活得多么简单而美好啊。

第一卷　第4章（续前）："但我们必须承认天体做圆周运动"

　　先不去管这两种运动形式以及黄道的变化了。把复杂的地轴进动也放在一边吧（地轴进动使得二分点的位置每年改变50″）。正因为存在着种种复杂的情况，哥白尼才在《天球运行论》出版前的那些年里饱受"第八个天球的运动"的折磨，他说"由于第八个天球的运动极其缓慢，所以古代的天文学家没能将其完整的运动形式记录下来，传给后代"。我们暂且假定恒星天球围绕地球旋转一圈的时间是24小时整，并忽略如下让人头疼的事实：所有恒星每晚都比前一晚早四分钟升起。

　　即便如此，我们这个可怜的"世界"仍然比我们所期望的更复杂。"因为太阳和月球的运行时快时慢。"哥白尼哀叹道。五颗"游星"① 的运动也是如此。"我们观察到，五颗游星有时还会出现逆行，乃至停滞不动。"

　　要解决这一棘手的天体不完美的表象（这些肯定都只是表象，因为"它们这些不均匀的运动遵循着一定的规律定期反

---

① 指当时已发现的五颗行星，即水星、金星、火星、木星、土星。

复"），就要给天体套上一圈又一圈的圆形轨道。"公认的看法是，这些天体的运动本来是均匀的，但在我们看来是不均匀的，这可能是因为它们的圆轨道的极点（与地球的）不一样，甚至有可能是因为地球并不位于它们的圆轨道的中心。"

一圈又一圈的圆！这是合理的模型，是已被接受的真理。这种方法能够解释表象。这是托勒密说的。

保持警惕

《天球运行论》的这一章节给了我们诸多启示，哥白尼在此章末尾向托勒密，向我们，也向他自己发起了如下挑战：我们必须保持警惕，以免"将原本属于地球的东西归于天体"。尽管他对圆周运动抱有盲目的忠诚，但也正是他首次解释了行星逆行以及天体轨道的各式各样的旋转变化，而且他的描述与将来望远镜观察到的神奇景象是相吻合的。

曾经的信仰：宇宙论

　　在给瓦尔米亚①（Varmia）主教的一封信中，哥白尼这样写道："相较于其他事物而言，多样性往往能给我们带来更大的快乐。"我希望读者也有同感，因此在本书中，我让注解章节与讨论其他题目的章节交替出现。

　　那么，让我们再停留片刻，看看宇宙在哥白尼的前辈们的眼中是如何演变的吧。

无法避免的中心意识

　　关于地球是球形的这一问题，我们很快就达成了基本共识。因为与此共识相左的观点在哥白尼写《天体运行论》的几百年前便差不多消失殆尽。对于地球在宇宙中的**位置**，以及地球是否处于运动状态，人们也早已达成了共识——即托勒密的"地心说"，而哥白尼的使命就是摧毁这一共识。

　　我研究过的原住民群体大都自称为"我们"。"在哥白尼生活的那个时代，人们只效忠于自己所居住的领地。"这一点和我们这个时代并无不同。简而言之，我们总是把自己当作世界的中

_____

　　① 位于波兰北部。

心，而这个世界也只不过是我们想象的产物罢了。如果我们碰巧是金星人，并且能透过硫酸云层（正是这些硫酸云让金星的最外层大气产生极为刺鼻的味道）看到外面的世界的话，我们就多多少少能看到地球人眼中的景色：

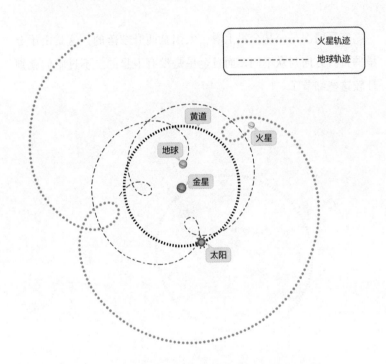

图4　2006年1月，从金星上方观测到的地球、火星、太阳的视运行轨迹

他们会看到，太阳、卫星和其他恒星不断运动着，在平行的圆轨道上升起又落下。它们从下方升起，好像是从地球内部钻出来一样，然后一点点往上升，升至最高点后便开始掉头，又沿原路下降……这些始终可见的恒星圆轨道，以及它们围绕着同一中心点的旋转，使得它们保持着这样一种球面运动……然后他们看到，距离这些始终可见的恒星较近的另外一些恒星消失了一小段时间，距离越远的恒星消失的时间成比例增加。

实际情况是，从金星上看，太阳是西升东落的，这是由于金星的自转方向与众不同，而且金星是没有卫星的。不过咱们就别计较这些细节了。

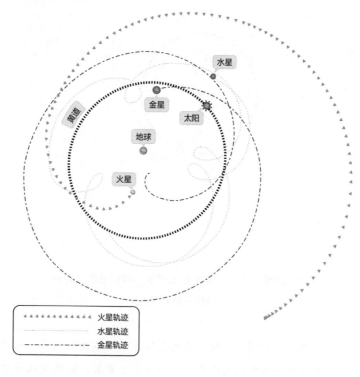

图5　2005年11月，从地球上方观测到的金星、火星、水星、太阳的视运行轨迹

不管身在何处，我们为什么不把自己当作宇宙的中心呢？所有恒星看上去都在围绕着天极旋转，所以我们也许可以将天极定义为宇宙中心。但即便如此，天极也只不过是距离观测者所在星球最近的一个投射在天空中的极点，而天空显然也在不停旋转。无论我们怎样思考这一问题，我们都会受到直觉的引导，将所谓"世界"的中心设立在我们周围。

不敬上帝的十二人

因此，在耶稣降生之前 3 个世纪，也就是哥白尼出生前 18 个世纪，萨摩斯①的阿利斯塔克（Aristarchus of Samos）因为犯了大不敬之罪而受到斥责，这"绝非偶然"：因为他竟敢大放厥词，说我们围绕着太阳转！

我之前是否提到，阿利斯塔克的名字在《天体运行论》的手稿中被划掉了？哥白尼很可能经过再三思考，决定还是不要援引阿利斯塔克这个典型案例了。这是我的看法。不过，名字被划掉的情况只出现在第 11 页，在书中的其他部分，阿利斯塔克的名字都被保留了。我们对此该作何解读？这是否如同奥西安德尔所作的序言一样，是一种狡猾的规避，免得那些爱挑毛病的人说三道四（这些人看一本书从来不会超过 12 页）？抑或是无心之举？

总之，根据一个研究哥白尼的学者的说法，阿利斯塔克是第一个提出日心说的人。不过你也可以有不同的观点。公元前 5 世纪即将结束之际，一个叫菲洛劳斯（Philolaus）的人提出了一个荒唐的理论：地球围绕着中间的一团火旋转，而这团火就在我们

———————
① 即爱琴海萨摩斯岛。

脚下燃烧。一部圣徒传记宣称："哥白尼从他那里接受了地球处于运动状态这一观点。"

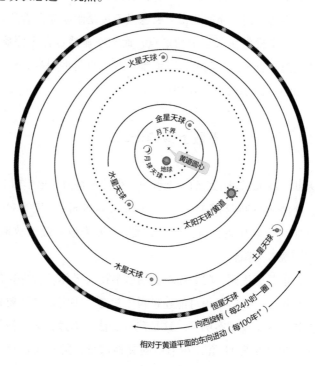

图6　托勒密的宇宙模型

比例尺：未知。金星、水星、太阳的天球顺序仍有争议。为简便起见，略去了行星的本轮（epicycle）和偏心匀速点（equant），但标出了行星本轮的偏心圆①运行方向。

托勒密的地心说共识一开始完全没有极权色彩。据说，日心说的观点"从柏拉图到哥白尼，至少被12个哲学家提起过"，而且思

——————————

① 即均轮，也就是公转轨道。后文会有详细讨论。

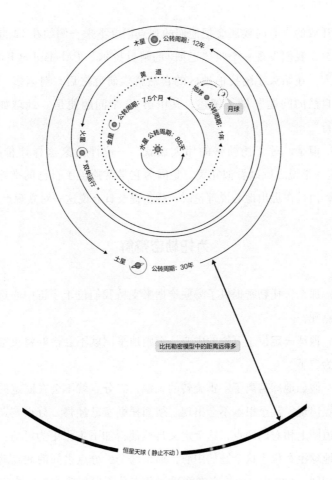

图7 哥白尼的宇宙模型

对行星间的相对距离以及行星公转周期做了近似计算。哥白尼的宇宙模型和我们现在的模型比较相像——假如我们没有望远镜，尚未抛弃恒星天球这个模型，而且还认为恒星和行星做匀速圆周运动的话。

这幅经过简化的示意图画出了行星的偏心圆，并对本轮运动做了简单标示（注意箭头所指方向与托勒密模型相反）。和往常一样，我略去了让人头疼的水星运行轨迹。

想开放的人有时候还会把他们的观点记录下来。例如在 12 世纪前夕，我们发现一个叫"巴斯①的阿贝拉尔"（Abelard of Bath）的人，在结束了阿拉伯地区的自然科学研究之后，对诸多"有关自然的问题"做了阐述，其中第 50 个问题便是"地球如何运行"。

但是，对于托勒密的伟大成就，一位评论家这样评价道："这一学说之所以看似完美，是因为它常常掩盖了自己的推导方式，而且在提出地心说理论时，很少提及日心说这一对立观点。"

为托勒密辩解

那么，托勒密提供了哪些论据来支持我们位于宇宙中心这一观点呢？

地球**一定**位于万物的中心，否则地平圈就不会恰好将夜空一分为二了。

假如地球偏离了宇宙旋转的轴线，二分点就不会在固定的时间点出现，甚至根本不会出现。须知托勒密已经将二分点定义为黄道圆上相对的两点，这个定义自然使得如下主张更为可信：如果地球没有位于这个圆的中心，那么两个二分点之间的间隔就不会相同。（顺便一说：有谁在乎二分点什么时候到来呢？中世纪的犹太占星师大概会特别留意这两个时间点，因为据说在夏至、冬至之时，水会带有毒性。）

还可以这样为地心说辩护：假设地球位于上述宇宙旋转轴线以东，那么东边的恒星看上去就会比西边的大——这个说法不尽

---

① 英国城市，位于英格兰埃文郡东部。

如人意，因为托勒密已经承认，宇宙足够广阔，天上的恒星也离得足够远，这使得他甚至无法测量出任何恒星的**视差**（在后文谈及金星的运行轨道时，我们会对这个术语做进一步讨论）。那么，怎么会有人妄想可以通过变换观测**位置**而发现恒星大小的变化？不过这一点必须不断重申：不管是托勒密还是哥白尼，他们都不会理解宇宙到底是何等的浩瀚。

波兰人的庭院

在天文学史上，每前进一步就像是穿过了哥白尼时代的又一座带拱门的庭院。我们穿过必然性的窄门，进入一个开阔的自由王国，然而我们还未真正抵达外面的世界：我们仍被由谬误筑成的高墙围困在内——直到哥白尼、开普勒、牛顿摧毁了原有的宇宙之后，我们才得到解放。高墙倒下后，我们发现自己位于赫歇尔描述的无限的黑暗虚空中，孤苦无依。

在高墙之内，人们倾向于用球体来解释自身所处的世界。据说，阿那克西米尼第一个想象出天球这种透明的球体，用以解释天宇为何在旋转。之后，欧多克索斯①（Eudoxus）构想了26个互相嵌套的同心天球，卡里普斯（Callipus）加到33个，亚里士多德又加到52个……每个庭院都开了一道拱门，通向另一个庭院。

在巴门尼德构建的世界中，我们被火包围着，火的外面是日月星辰，更外层又是一圈火，最外层则是宇宙的表层外壳。

天体圆周轨道模型的提出要归功于毕达哥拉斯学派。可是，

---

① 欧多索克斯以及下面提到的卡里普斯均为古希腊天文学家、数学家。

有人知道该把天体运动的起源归功于谁吗？在柏拉图的《蒂迈欧篇》(Timaeus) 里，我们读到，造物主"按照 2 倍和 3 倍的间隔，创造了 7 个大小不等的圆……并让这些圆轨道以相反方向运动"。造物主让太阳、水星、金星以同样的速度旋转，而命令月球、火星、木星"以各不相同且异于其他 3 个行星的速度运行，但此三者的速度成一定的比例"。

我们怎么知道恒星天球比行星天球更远呢？哥白尼给出了古老的回答：因为恒星会闪烁，而行星不会。

哥白尼将继续以自己的方式忠于古老的宇宙论，他假定天体的运行轨道是圆形，也假定天球的存在。他回溯前人走过的路，在曾经的庭院中搜寻他最为看重的宝物：天体观测数据。他会不会想象自己也身处观测地？他向我们喃喃道："根据森索里纳斯 (Censorinus) 以及其他公认权威的记载，对希腊人来说，天狼星在那一天（夏至日）升起，（第一届）奥林匹克运动会正在举行。"

前辈的幽魂

我不断提醒自己，哥白尼当时还没有望远镜。这对他来说还是无法想象的一种工具。因此，他参考了托勒密的《天文学大成》。

《天球运行论》最打动我的是它体现了一种抗争，即将人类思想从错误的体系——托勒密的体系中解放出来的抗争。读者也看到了，哥白尼并未完全把自己从这一体系中解放出来。理查德·伍利爵士 (Sir Richard Wooley)① 曾将这个体系称为"最漫长的专制"，他说：我们竟然在长达 1400 年的时间里一直相信托

_____

① 理查德·伍利 (1906—1986)，英国天文学家。

勒密的那个以地球为中心、包含在旋转的天球之中的宇宙模型！在托勒密之前500年的亚里士多德就提出过类似观点，有谁会自大到敢于宣称亚里士多德并非永远正确呢？

因此，我在开始写作这本书时对托勒密怀有敌意。但在浏览了《天文学大成》后，我开始懂得，哥白尼以及我们所有人都应该深深感激这位不知疲倦的星表编纂人，音乐及光学理论家，地理学家和几何学家。对我来说，托勒密对黄道的解释比当今许多天文学教科书的更易懂。哥白尼很少费心去为术语下定义。他假定我们都已经读过了《天文学大成》。

这部著作最值得赞赏的一点是，它以观测数据为起点，并利用几何学解释这些数据。当然，诸如希帕克斯（Hipparchus）[①] 等前辈也是这样做的，但《天文学大成》近乎实现了完整性与一致性，几乎完美地例证了将知觉现象转化为数学表达的量化理性（quantitative rationality）。20世纪末，一位天文学家这样定义月相："新月、上弦月、满月，以及下弦月指的是月球与太阳的黄经经度之差分别为0°、90°、180°、270°的时刻。"我们此前在介绍托勒密对二分点的定义时已经见识到了这种思维方式，它促使我们将作为过渡形式的抽象数字转化为具体的形象，画出示意图，亲眼看到我们之前凭直觉所见之物的确切比例。这是我们从古代天文学家那里继承的遗产，在他们之中，我们应当特别提到托勒密：他的"专制"历时最长，因为他的理论最完美。

直到今天，还有人在崇拜托勒密。一位研究古代天文学和数

---

① 希帕克斯（约前190—前120），希腊天文学家，有"方位天文学之父"之称。

学的历史学家坚称，哥白尼的理论与伊本·沙提尔（Ibn al-Shatir）① 的理论极为相似（的确如此），所以说该理论"不太可能是（哥白尼）独立发现的"。随后，这位历史学家用如刀般锋利的言辞再次贬低了哥白尼："我必须强调的是，一旦有人提出以太阳为中心构建太阳系，他马上就能在《天文学大成》一书中查到以**天文单位**②表示的太阳系（星体）的尺寸。"

以现今的标准来看，托勒密和哥白尼的数据通常都不够准确。例如下表：

部分天体的相对直径

	托勒密的计算数据	哥白尼的计算数据	现今的估算数据
月球	1	1	1
地球	"非常接近 $3\frac{2}{5}$"	1.35	1.84
太阳	$18\frac{4}{5}$	24.3	400.02

我们需要提醒自己，他们得到数据的方式是凭肉眼观测、凭头脑构想、凭借铜圈和尺子。一旦想到这一点，这些数据错误就没那么不可接受了。不过话说回来，我明白为什么现在研究托勒密和哥白尼的人主要是历史学家，他们的任务不是计算出太阳的实际直径是多少，而是带着适当程度的偏见断言某人到底有没有可能独立发现某事。

的确，到目前为止，我们在《天球运行论》中看到的独立发

---

① 伊本·沙提尔（1304—1375），阿拉伯天文学家，数学家。

② （原注）天文单位（astronomical unit）是基于黄道半径的一种度量标准。地球到太阳的平均距离即为 1 天文单位，即约 1.5 亿千米。

现很少。不过是另一个人作的序，一两个被广为接受的观点而已，这算得了什么呢？"世界"一定是个球体，哥白尼写道。如果我们快速核对一下他那位已逝的对手的伟大著作，就能发现这部著作是能够证明哥白尼理论的，而这也是他所希望的。

在我看来，与哥白尼相比，托勒密的论证范围更广、更清晰、更优美。从各个方面来说，托勒密都是更优秀的思想家——当然，最重要的一个方面除外，哥白尼在这一方面的观点最为正确。

本　轮

科学史包含了很多这类事件：**观测慢慢战胜直觉**。恒星和行星围绕着我们转，没错。但在大约公元前 150 年，罗德岛（Rhodes）的希帕克斯①（托勒密和哥白尼将会称颂这位前辈）提出，宇宙的中心在地球**附近**，而非在地球表面或内部，这是因为在北半球，冬天有 178 天，而夏天有 187 天②。这种不以地球中心为圆心的天球上的大圆称为**偏心圆**（eccentrics）。对于我这样一个完全不觉得地球是宇宙中心的人来说，偏心圆可以说是一项误入歧途的事业中的可悲的妥协。换言之，它们使我们位居万物中心的时期延长了数个世纪，因为这一点，它们应当得到赞美。托勒密的锦囊妙计中藏着一个个偏心圆，它们躺在其中的一个方便口袋里，哥白尼也会用到它们。他是如何解释希帕克斯所记录的季节时间差异的呢？通过假定完全相反的情况，即"地球公转轨道的

---

① 即前文提到的希帕克斯，之所以说他是"罗德岛的希帕克斯"，大概是因为他在罗德岛做过观测，并且在那里去世。

② 原文如此，可能指的分别为秋分日到次年春分日以及春分日到秋分日的时间。

圆心并不完全与太阳的中心重合"。这有何不可？直觉还是能派得上用场的，希帕克斯的奇思妙想阻止不了太阳每晚从我们下方经过，哥白尼也用不着抛弃至美之圆的信念。

啊，圆形！没错，这种形状对于天体来说必不可少，在托勒密称为"至高无上的运动"（Prime Movement）中，也就是恒星天球围绕天极自东向西的周日运动中，圆形展现了自身优雅的至美。

图8　将黄道表现为一个偏心圆

我们现在知道，地球以椭圆轨道绕太阳做变速旋转。为了维护从前以地球为中心的宇宙模型中匀速圆周运动的准则，我们可以将太阳置于一个公转圆心靠近地球但不在地球表面的圆周上，使得太阳"表面上"仍做匀速圆周运动。

但是，第二种（或者说第二类）运动该作何解？我的意思是，行星的晃动该作何解？对这类运动要如何才能让我们的"圆形直觉"感到满意？

托勒密和他的前辈们找到了一个办法——从我们去中心化的视角来看，他们犯了个重大的错误。这是个难以避免且具有诱惑力的错误，谁都有可能犯下这个错。的确，正如极具数学头脑的天文历史学家阿斯格·亚伯（Asger Aaboe）（他偏向于赞美托勒密，同时诋毁哥白尼）所评述的那样，"就近似描述从地球上观测的行星运动来说，简单的本轮模型是一种非常合理的方法"。"简单的本轮模型"，到底什么叫作"简单"呢？

在托勒密那个时代，奥卡姆剃刀原理尚未被提出（该原理为：只要能够解释所有事实，那么最简单的假设最有可能为真），但他以自己的方式在《天文学大成》中尝试着遵守这一原理："……我们首先需要假设，与天宇运动方向相反的行星运动本质上都是规则的圆周运动，正如同宇宙在另一个方向上的运动一样。"也就是说，我们千万不要因为行星轨道表面上偏离了圆周而被误导，因为宇宙具有理性、逻辑、优雅。（简单本身不就是要求我们这么想吗？）因此，托勒密对这种偏离现象的解决方案也是理性、逻辑、优雅的：如果"从黄道平面上与宇宙同心的一个圆的视角"来考察行星轨道——也就是说，从以地球为中心的宇宙的视角来考察——"那么，我们有必要认为，行星在（绕地球）做有规则运动的同时……也在围绕**本轮**做圆周运动"。如果金星的轨道看上去不规则，那就千方百计让它有规则，需要假设出多少个圆，就假设出多少个！

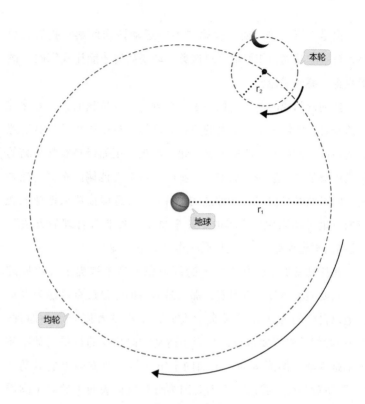

图9　本轮（托勒密和哥白尼的视角）

　　图中这个简单的本轮描绘的是月球的运动。两种运动的轨迹必须为正圆。本图仅用于说明概念。托勒密和哥白尼在描绘月球轨道时，都添加了一系列复杂的元素（本图未按实际比例绘制）。

　　我们来看看金星的情况：金星在一个天球内旋转，我们看不到它的旋转，也永远见不到这个想象中的天球，后者在黄道平面上宛如天神般永恒地（绕地球）转动，同时以100年1°的速率向东自转（需记住，这是《天文学大成》中计算出的地轴进动速率）。托勒密对金星以及另外四个行星采取了如下假设："本轮的圆心总是在偏心圆（或称均轮）上，而偏心圆的圆心位于黄道圆心与导致本轮做匀速转动的圆心之间连线的中点。"后者，也就是导致本轮做匀速转动的圆心，叫做偏心匀速点。

据说，构想出本轮概念的人是阿波罗尼奥斯（Apollonius）①。但我认为也很可能是其他人。在希帕克斯之前，欧多克索斯（约前 355 年）就曾提出，层层叠叠的圆，或者应该说层层叠叠的天球，应当以地球为中心，在不同的平面上同步旋转，这样就能解释行星的扭动了。不幸的是，行星的亮度有时会发生变化，这意味着它们与地球的距离也相应地发生了变化。托勒密指出，如果星体与地球之间的距离看上去发生了变化，那么它们围绕我们旋转的轨道就不可能是圆形，所谓"游星"的情况正是如此。不要紧。希帕克斯、托勒密等学者最终提出，每颗行星都做圆周运动，圆周运动的圆心位于一个更大的圆的圆周上，后者的圆心则位于地球。这个更大的圆叫做**均轮**，较小的那个圆则为本轮。托勒密学派的天文学家们首先假定，均轮和本轮都位于黄道平面；其次，二者都参与所谓"至高无上的运动"；最后，二者旋转方向相同。

另一种解释行星不规则运动的办法是，假设它们的圆形轨道与黄道不同心。托勒密似乎对每种假设都运用得恰到好处：他利用偏心圆完美解释了行星相对于黄道带的**不规则运动**，利用本轮更好地解释了行星相对于太阳②的不规则运动。对此，哥白尼将

---

① 应指珀尔加（Perga）的阿波罗尼奥斯（约前 262—约前 190），古希腊数学家。

② 似为"地球"之误，因为在托勒密的模型中，行星和太阳都是围绕地球转动的。另外，作者似乎混淆了两个假设的适用范围。行星在黄道带上的不规则运动（即出现逆行和留）应是用本轮和均轮体系解释的，而相对于地球的不规则运动（如与地球的距离发生变化）则是用偏心圆来解释。

在他的《天球运行论》中评论道："古人发现，所有的这些行星都存在双重的黄纬偏离，这对应于每颗行星的双重黄经不均匀性。在这些黄纬偏离中，一种是由偏心圆造成的，另一种则是由本轮造成的。"

本轮是否存在呢？其实，月球绕地球运动的轨道就是一个典型的本轮，哥白尼和托勒密也都将其视作本轮。（请忽略下面这个事实：《天球运行论》在描述月球轨道时，首先假设了一个在均轮上做匀速运动的逆行本轮，围绕这个本轮转动的是另一个小得多的、转动周期不同的直接本轮。谁说简单的东西就真的简单了？）假如其他行星也围绕我们转的话，本轮理论肯定也能解释它们的运动。真是个天上仙境呐！这样的话，宇宙很可能是由柏拉图所说的八个颜色各异、围绕必然性之轴旋转的天球构成，每个天球上都住着一个唱歌的女妖，她们永不停歇地唱着，创造出天球之音。

有人说过："在托勒密的宇宙中，数学与道德哲学互相融合，使得数学家充当了哲学家的角色，同时努力去效仿神。"——在这种情况下，经验实证不是问题的重点，所以我有什么资格对本轮吹毛求疵呢？就连哥白尼都没法舍弃本轮。20世纪的天文学家伯纳德·洛伊耳爵士（Sir Bernard Lovell）热切地说道："这个高明的办法只用了三种绝对均匀的圆周运动，就解释了行星偶然出现的逆行。"

没错，有了这几种圆，我们还可以做更多事。追踪某一天体轨道的路径和角速度；构建圆形，圆的大小根据观测和几何学的需要来确定；待到哥白尼出现时，我们会发现，你的理论构建甚至要优于对实际事物的了解。托勒密计算的火星本轮半径为 $39\frac{1}{2}$

单位（他将其表示方式为 39θ30′），该轨道的偏心圆半径为 60 单位。倘若我们根据《天球运行论》中引人注目的圆圈、角度，将视角转换为去中心化的视角，我们就会发现，任一行星的偏心圆半径等于它与太阳的相对平均距离，而本轮半径等于地球与太阳的相对平均距离。托勒密给出的四颗行星（以及太阳）的偏心圆半径都是 60 单位，而本轮半径各不相同，这是由于观测点是在处于运动状态的地球上（而非在相对静止的太阳上）所导致的结果。但我们不用在意这一点。重要的是比例本身。就火星而言，这个（偏心圆与本轮的半径）比例为 $60 : 39\frac{1}{2}$，即 1.518，而现今计算得到的火星与太阳的平均距离为 1.524 个天文单位，二者之间只差了不到 1%。

简而言之，洛伊耳爵士说对了，古代天文学家设想的这些圆可能并不具备经验上的真实性，但却能和经验相符。所以，我们为什么不能相信，如果再多一个或一百个圆，我们最终就能完美地解释天体的运行规律呢？难怪希帕克斯甚至还发明了一个小巧的本轮来描述太阳的轨迹……

一张水磨图

现在，我面前摆着一张机械图样，是一种提水设备的截面图。制图的年份大约在 1615 年，《天球运行论》差不多也是那时候遭禁的。图上有一个中心齿轮（讽刺的是，它的形状和太阳相仿），一个带滚轮的圆环，其线条会让每位熟稔牛顿力学的人想起运动矢量，圆环与几根辐条相连，但辐条画在了上一张透视图中，在这张图里看不到。由于三维的物体画在截面图上降为二维，本来是平行于滚轮圆环的另一个齿圈看上去就像贴在滚轮圆环的上方一样，而且前者明显贴着后者的圆周转动，就好像在围绕那个有如太阳的中心齿轮旋转。

第一次看到这张图时，我的反应是：这是本轮！而且，这个本轮貌似遵守我相信的那些物理定律。齿轮不是能带动彼此转动吗？如果我们也像托勒密学派的学者那样，假设太空中存在隐形的、互相推动的圆轮，那么一个"本轮宇宙"就会呈现为具体的现实，正如同任何一张水磨图一样。

偏心匀速点

在进一步研究了已知的五大行星的不规则运动之后，托勒密接下来的研究远离了简洁性，远离了亚里士多德，最终远离了真理。他得出如下结论："本轮的圆心位于与导致不规则运动的偏心圆相同的圆周上，**但本轮圆心扫出的圆周还存在其他圆心。除水星外，这后一类圆心位于导致不规则运动的偏心圆圆心与黄道圆心连线的中点。**"也就是说，这个圆心不但从直觉上所认为的位置（在我们看来就是地球）移到了最有可能弥补观测上的差异的另外一点（希帕克斯发明的偏心太阳圆就是这种情况），而且行星的运动并非相对于该圆心做匀速圆周运动，而是相对于另外的某个点。该点通过几何学推算而出，只有从此点看上去，围绕我们转动的行星才做匀速圆周运动。若以地球为圆心，火星的转动看上去就会时快时慢是吧？我们不能让这种事发生！所以，我们给它的轨道假定一个圆心，再假定另一个圆心，使其相对于后者做**匀速圆周运动。**（在此请留意哥白尼和托勒密的一点区别：《天球运行论》坚持认为这个匀速圆周运动的圆心是实际存在的几何中心，

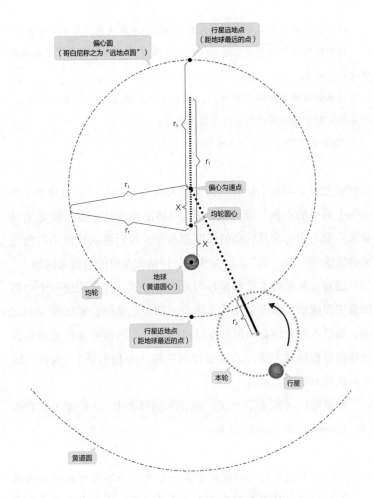

图 10 偏心匀速点（仅为托勒密视角）

　　本图概括了地心宇宙模型中除水星外所有已知行星的运行情况（水星的轨迹漂泊不定，故在此省略）。

　　为简便起见，托勒密假设所有三种圆都位于黄道平面，尽管从纬度方面考虑，本轮应当倾斜于另外两个偏心圆，而后者同样也应倾斜于黄道平面。

本轮的半径是 r_2。另外两个圆面积相等，也就是说二者半径皆为 r_1。

均轮的圆心平分偏心匀速点（远地点圆的圆心）与地球（黄道圆的中心）的连线。

行星的本轮照常绕均轮转动，但本轮的直径总是指向偏心匀速点。行星仅相对于偏心匀速点做匀速圆周运动。

（比例尺不统一，且大小未知。）

即便该点位于均轮上；而《天文学大成》只要求行星相对于一个数学上假想的点做匀速圆周运动。）必定存在某一点，使得金星从该点看上去每个月转动的弧度都相等。我们将从几何学的角度来确定这个"某一点"，因为我们坚持认为金星的轨道为圆形。

还有一种解释本轮和偏心匀速点的方式：行星**围绕一个中间位置来回摆动**。参考系几乎意味着一切，不是吗？望远镜发明之前，如果本轮和偏心匀速点在以地球为中心的参考系中能够作为合理的近似描述方法（再次引用阿斯格·亚伯的话），为什么还要对这种方法吹毛求疵？

我使用的《天文学大成》英译本的译者 R. 凯茨比·托利弗（R. Catesby Taliaferro）指出：

> 为了使本轮圆心相对于另一个点（而不是对应均轮的圆心）做匀速匀运动而扩展天体力学的原理，这在哥白尼看来是托勒密体系最大的耻辱。哥白尼在自己的体系中移除了这种扩展，但只付出了表象上的代价。

哥白尼的立场坚定不移。他不允许《天球运行论》中出现偏心匀速点。"于是便有三个中心，"哥白尼如此抱怨托勒密的水星轨道，"第一个是运载本轮的偏心圆圆心，第二个是小圆圆心，第三个是当今学者称为偏心匀速圆（equant）的圆心。古代天文学家忽视前两个圆，并承认本轮只围绕偏心匀速圆的圆心做匀速圆周运动，这个点与（本轮运动的）真正的中心，与它的比例，与原有的两个圆心根本不一致。但是他们断定，这颗行星的运动现象没法用其他方法解释……"换言之，"心中不禁战栗"。

他并非唯一一个对偏心匀速点表示不满的人。在《天球运行论》问世的 500 年前，伟大的穆斯林科学家比鲁尼也曾对此有怨言。他说：

> 想象太阳围绕宇宙中心做变速运动，同时围绕另一个中心做匀速圆周运动，这是有可能的。……同样，对于行星而言，想象它们本轮的中心在偏心均轮上做变速运动，同时围绕偏心匀速的圆心做匀速圆周运动，这也是有可能的。如果这一切皆有可能，那我们真该狠狠地批评这些人的道德操守了。

"这些人"指的是托勒密学派的天文学家。

在我看来，比鲁尼是对的。偏心匀速点是一种拙劣的方法。但我们不可能对每个人都抱着既不讨好、又不冒犯的客观态度，尤其是对于科学史上的人物。比如说，雅各布森（Theodor S. Jacobsen）就为哥白尼写过如下悼念词："他得到的大部分结果也没有比托勒密的结果更精确，并在某种意义上相形见绌，因为他抛弃了为追求匀速圆周运动而设定的偏心匀速点。"

阿方索星表的寓言

我们来谈谈精确性，同时也聊聊简洁性。

无论托勒密学派的天文学家具不具备道德操守，他们总还是较为精确地预测了"游星"的轨迹，水手和占星师都对此感到高兴。就此而言，直观判断与观测结果几乎相符。

你想知道太阳在任一给定时间点的位置吗？托勒密可以帮你找到答案："因此，我们将太阳的不规则运动表格划分为45行3列。"然后呢？通过勤勉地对古代的二分点观测数据加以计算，他得出太阳在长达879个埃及年① 66天2赤道时的时间里走过的平均距离，再根据二分点在黄道圆（伴有本轮）上的位置对这个结果做出合理的改善和修正。这样一来：

> 如果我们想知道太阳在任一时间的路线，可以先算出这段纪元② 开始到给定这一日期的总时间，参照亚历山大的当地时间，将总时间数据代入平均运行量表格后，我们将此数据对应的角度与265°15′（这是上面找到的距离对应的角度）相加，将所得结果减去一个圆的周角，即360°，再按黄道十二宫的次序朝相反方向（即从西到东，而不是从东到西）减

――――――――――

① 一个回归年约为365 $\frac{1}{4}$ 天，由于古埃及历没有置闰法，每四个埃及年会比回归年提早一天。

② 所谓的"纪元"（epoch）可能是指前文提到的托勒密统计的这879个埃及年。

去双子宫内的 5°30′。最终得到的数字落在哪个位置①，太阳的平均路线就在这个位置。

对简洁性的忠诚使得托勒密采用了这种计算方法。但宇宙本身从来不是简洁的，任何方法只要实用，也就是说在观测范围内有效，都可以算作一种胜利，即便这种方法建立在阿尔·比鲁尼深恶痛绝的错误之上也无妨，下面这种错误观点即为一例：太阳本轮的圆心在黄道上的不同位置加速或减速。但太阳的视运动速度的确会变化，我们之前也提到过这点。

托勒密希望能将行星的非对称、如花饰旋曲般的视运动有理有据地转变为完美的真实运动。而他的这一希望似乎常常几近于实现。看了前面那段枯燥的引文，我们也来看看《天文学大成》中同样典型的一句话："角 B（该角包含这颗恒星在本轮上的规则路径）总是角 F 与角 E 之差（F 是中心点，角 F 包含恒星在经度上的规则路径，角 E 包含恒星的视运动……）。"简而言之，我们的所见与完美的真实之间只差了一两个角度而已。这种简洁，或者说近似简洁，又或者说是简洁的幻象，使得"这些人"对偏心匀速点抱以容忍的态度。

但随着时间的推移，托勒密学派的学说越来越不简洁。1252年，卡斯蒂利亚国王阿方索十世（Alphonso X of Castile）给天文学家们指派了一项工作：绘制出行星目前和未来的位置。这些天文学家花了整整十年的时间，并且他们还用了无数互相重叠、环绕、包含的圆。以至于国王授予他们的赞词是：假如他在创世之

———————

① 所得结果为一个角度，应指这个角度会落在黄道十二宫的某个位置。

时站在上帝的肩膀上，他一定会祈求上帝把宇宙的结构弄得简单一些。

一件事物，多种功用

因此，在哥白尼写《天球运行论》时，我们仍处于一个迷失的时代。正如他在第一卷开头所言，在这个时代，"行星的运动以及恒星的运转不可能被精确地测定，也无法将它们的运行规律浓缩为完备的知识"。我们对于需要多少个均轮和本轮无法达成一致意见。① 在那个时代，我们甚至连一年的确切长度都不清楚，这绝非虚言。《天球运行论》的一大目的就是证明以太阳为中心来计算星体的运行非常简便——托勒密的方法以及阿方索星表一点也不简便，对吧？哥白尼被这些烦琐的方法气坏了，于是援引奥卡姆剃刀原理："我们最好还是追随大自然的智慧。大自然费尽心思，避免造出任何多余、无用之物，因此它往往将多种功用赋予同一事物。"

---

① （原注）再告诉各位一则生动的寓言：13 世纪，大阿尔伯图斯·马格努斯（Albertus Magnus）用了 26 个均轮天球才构造出一个天文学意义上的宇宙，而在构造占星学意义上的宇宙时，他只用了 10 个均轮天球。

注解：第一卷　第5章

"在说明了地球也是球体之后，"哥白尼继续写道，"我认为我们现在需要研究的问题是，地球的运行是否与其形状相匹配。"当然，几乎每个人都赞成地球"静止于世界的中心"这一观点，但哥白尼还是用他那一贯低调谨慎的口吻接着说道："这个问题尚未有定论，绝不可等闲视之。"

我们之前对宇宙学发展的简短叙述，尚不足以使读者理解哥白尼那真正具有革命性的论述，以及他那些对手根深蒂固的看法。我们还需记住，当时人们所理解的运动物理学与我们今天惯常使用的牛顿力学迥然相异，就像泛神的宗教信仰与有组织的一神教有巨大差别一样。确实是这样，物理学中运动理论的历史就是从多元到统一的过程。现在，我们需要概述一下这段历史中的一部分。

曾经的信仰：运动

水往低处流，流入大海。石朝地上落，落向来处。但火却是往上蹿，朝着星辰的方向。空气也向上升，游泳的人从水中吐出的气泡便是例证。因此，从直觉上显而易见的是，这四种元素各自具有特殊的性质，它们都倾向于回到自己所属的地方。火难道不是具有某种本质的"火性"，才使得它往上蹿吗？水难道不是具有与这"火性"相对立的某种"水性"，才让洒掉的酒没有往上流吗？生活中的观察与常识阻碍了"引力"这一理论的产生，因为火和气都不会往下掉！

上述自证性的观察产生了一种存续很长时间的运动理论——实际上不仅是运动理论，也是炼金术理论、医药理论（还记得"四体液说"吗？）、化学理论、占星理论。这四种元素渗透到了地球上几乎每一个想象得到的层面（这个地球尚处于宇宙中心、不偏不倚，哥白尼将会贡献自己的力量，把它永远从宇宙中心推开）。例如，每个季节都有一个代表元素：秋天的干冷属于土，冬天的湿冷属于水，春天的湿暖属于气，等等。这一理论还与人的生理机制完美契合，例如"血液在春天增长，湿而暖"。由于宇宙是和谐的，所以其他的天球也可用这些术语来描述。因此，著名占星师大阿尔伯图斯·马格努斯才能够向我们保证，土星干冷得要命，木星则是湿冷，但程度轻些……

你想酿造与金星相符的占星香水吗？看看这个："取麝香、

龙涎香、沉香、红玫瑰、红珊瑚，然后用麻雀的脑髓和鸽子血将这些原料混合。"稍稍瞥一眼这些原料，我们就能得出一个可信的解释：金星代表了爱神维纳斯①。（她的完美**当然**是上帝的意愿，她**必定**围绕着我们做完美的圆周运动！）还有什么能比混合着各种芳香的血红物质更能代表情爱？就像金星统御着地球上的一些领域一样，我们也同样能用地球上具有的金星物质去影响她的某些方面。

我们越是了解哥白尼之前的宇宙观，就能看到越多的和谐。而现在，这些所谓的和谐却显得愚蠢可笑，这对我们来说有得也有失。

地球的适宜位置

回到运动这个话题。我们这些信仰牛顿学说的现代人自然相信物体具有静止的惯性和运动的惯性。而古人相信**适宜位置的惯性**。巴门尼德在他的宇宙论中将世界用一个火球围住，他这么做有充足的理由。阿那克萨哥拉（Anaxagoras）同样也有理由假定，太空是一个高温空间——火不是比其他三种元素升得高么？山顶上的空气不是更稀薄吗？（海平面大气压：10 331kg/m²②。在3048m高的地方，同等体积的空气产生的压力只有660kg；30 480m：10kg；60 960m：0.2kg。空气依附于大地和水面，以之为边界，谁能质疑这一点？）

照这个逻辑，太阳一定是由火构成的，因为阳光温暖着我

----

① 西方人以爱神维纳斯（Venus）的名字命名金星。
② 原文采用英制单位，即2116lb/ft²，下同。

们。而且，太阳在天空中运行，地球上的火往上升，也会升到高空。同样，其他天体也一定是一个个火球。火的适宜位置在万物之上。

于是，亚里士多德写道，每一种自然界中的物质（相对于人造物）"在**它自身之中**"（着重标记是他自己加的）"都存在一条运动与静止的原则（有关地点，有关增减，或有关改变）"。19个世纪之后——19个世纪！——哥白尼仍遵从这一观点，他如此概括道："流动是水的本性，水总是趋向低处。"另外，"土是最重的元素，任何具有重量的物体都趋向土地，并朝着它的中心奋力移动"。亚里士多德也利用这一逻辑论证他的观点：地球是由土构成的，所以它必定位于这种元素的自然位置，即宇宙中心。

因此，一位富有学识、名为乔瓦尼·马利亚·托洛桑尼（Giovanni Maria Tolosani）的多明我会修士，做了如下"拯救宇宙"的评论：

> 由于哥白尼不懂物理学，不懂辩证法，他在这个观点上犯错也就不足为奇……因为哥白尼将不可摧毁的太阳置于一个易受摧毁的位置。另外，由于火的本性是趋上的，因此它不可能停留在靠近中心的下方（除非通过人为的限制），那里不可能是它的自然位置。毕达哥拉斯学派的人却错误地认为情况与此相反。

自然运动 VS 强制运动

那么，运动是什么？亚里士多德对运动类型的细分，看似和我们现在的分类差不多：一种"只存在于实现状态"，一种只存在于潜在状态，还有一种既有潜在状态又有实现状态。我们现在还用"势能"（potential① energy）这个术语来描述一个具有一定质量的物体位于一定高度所具有的能量，或者按照我那本旧版物理教科书中更准确、更广义的定义："一个系统因其位形而具有的能量。"但是和亚里士多德相比，我们现在将能量和物质视为更普遍的概念。我们可以将空气与水的运动相比，用同样的术语描述这两种对立的元素：质量、位置、速度、加速度、距离、方向、摩擦力。在做这种比较时，我们现在有一个特别有用的工具，那就是：

牛顿第二定律：力等于质量与加速度的乘积

这一定律引出了一个非常怪异但正确的结论：**任何物体的质量等于施加在该物体上的力除以它的加速度。**例如，$1kg = 1N \cdot s^2/m$（$1N \approx 0.1kg$）②。我们利用这个结论，再加上另一个更怪异的事实——引力常数的存在，通过简单的代数变化就能算出地球的质量，用不着把它放到天宇的天平上称重：我们只需要知道月球公转轨道的半径以及公转周期（月球绕地球转一圈所需的时间）！我们也可以利用木星或者金星的公转轨道半径和周期计算出太阳的质量。真是让人"心中不禁战栗"。

但亚里士多德还不知道这个原理，就连哥白尼也尚不知晓。前者坚定地宣称："在事物之外的运动是不存在的。"水的运动与星体的运动存在着根本差异。"变化的事物所发生的变化总是关乎实体、数量、性质或地点。"

在声明了每一元素都有其自然规律以及"美德"（virtue）之后，亚里士多德接着做出了一个逻辑性很强的结论：一个给定物

---

① potential 一词有"潜在"之义。
② 原文为 3.6oz，3.6oz ≈ 0.1kg。

体的运动可以是（a）自然的运动；（b）强制的运动，即违背其本性的运动；（c）两种运动的结合。例如，桶里的水被抬起来是强制的运动，与它向低处流动的自然倾向相反。在亚里士多德的运动理论中，不存在水往高处流的**自然**运动，不管是哪位几何学家、天文学家，抑或是空想家，只要他们假设水往高处流的情形（比如说水的蒸发），他们就会提前输掉论战。

因此托洛桑尼神父对哥白尼发起了下面这段恶狠狠的抨击（我们在后文还会看到他更凶恶的一面）：

> 一个简单的物体不可能有两种互为抵触的自然运动。我们知道，地球由于具有重的本性，所以朝着中心自然地运动。但如果要说地球同时也在转动，那么它的圆周运动就是强制运动，而非自然运动了。因此，地球在转动，而且这种转动属于自然运动的说法是错的……哥白尼的假设完全被推翻了。

人为赋予的完美

相较于我们对运动的定义，亚里士多德的定义不仅更强调运动的对象，而且更为基本，差不多是一种本体论了。他的定义包含了运动的**执行者**："运动就是潜能，作为潜能的实现。"我们平常说"我被感动（moved）了，因此做了这件事"，也使用了运动方面的术语，而且在使用方式上和亚里士多德有时候说的是一样的。确实如此，在他的《论天》（*On the Heavens*）中，我们有时会读到他讨论星体的自主性运动。这是一种非常古老的观点，并且非常符合人类的思维倾向：宇宙如同人一样具有感知力，因而它也就具有深刻意义。从心理和精神层面来看，这种观点没错——你也可以说，相信这一观点只是美的享受。托勒密将数学与哲学画等号的做法之所以具有吸引力，原因就在这里。亚里士多德之前的恩培多克勒（Empedocles）认为宇宙的动力是爱。在多年之后，但丁将用由彩虹与火构成的三个圆的意象结束自己的长诗："至此，我的能力已无法做崇高的幻想。但我的欲望和意志有如平稳转动的轮子，被爱推动着，这爱也推动了太阳与群星。"

如果我们假定，人为赋予的完美是月球之上的"世界"的基本性质之一，那么本轮这一概念的神秘之处就更能让人接受了，坚称它们是圆形也会成为更迫切的需要。

"整体做圆周运动，部分做直线运动"

"一个简单的物体不可能有两种互为抵触的自然运动。"为什么不能呢？因为这不仅会违背与元素、地点相关的运动规律，也会违背简洁性原理，还会违背人为赋予的完美。

遵从亚里士多德学说的哥白尼断定："一个简单的天体不可能在单一天球的带动下做不均匀运动，之所以会出现这种不均匀性，要么是由于动力的不稳定……要么是由于天球和被带动的天体之间的不均衡。"哥白尼对这两种可能性会作何反应呢？"心中不禁战栗"——这段话我们已经引用过多次。

我们渐渐明白哥白尼**为什么**会感到战栗了。他认为自己是个几何理性主义者，而不是诗人或者神学家。天体运动不规律，夏天和冬天不一样长，他有什么办法解释这些现象呢？

有了！他将自己期望的均匀运动定义为**平均运动**（mean motion）。这是他的花招。

在完成《天球运行论》的前几年，他写过这样的话："在研究月球的路径时，托勒密以及在他之前的罗德岛的希帕克斯以敏锐的洞察力猜测，不均匀运动的运行一定存在直径上相对的四点：极快、极慢、平均和均匀运动，后两者位于一条直径的两端，这条直径与连接极快和极慢两点的直径相交成直角。"

我们的救星亚里士多德向我们展示了如何将运动分解为几个部分。具体来说，他推导出了我们现在所说的运动矢量。不过在他看来，不同方向的运动具有不同特点：直线运动与圆周运动。四种基本元素通过直线运动来表达它们的趋向：火和气向上，水和土向下；天体则在天宇中刻画出永恒的圆。我们又有了一个理由去相信：天体与我们所知的地球上的物质有本质区别。

哥白尼在这方面或多或少沿袭了亚里士多德的思想。他的结论是"圆周运动总是均匀且不停息的，因为它的动力不会衰减"——因此，哥白尼拒绝考虑如下可能性：行星轨道也许并非正圆（事实上的确不是正圆）。坚持认为行星围绕平均点做平均运动，这就是哥白尼的策略。如果需要的话，托勒密用偏心匀速点解释清楚的问题，我们也可以用直线推动力来解释清楚。但如果运气好，我们就用不着解释这些问题。只需要按照《天球运行论》说"整体做圆周运动，部分做直线运动"（部分被打乱，离开了它们的适宜位置）就够了。如果一个天体的轨道明显不是正圆，那就算出它的平均运动，构造出足够多的、一圈围着一圈的正圆，以表明这个天体的轨道可以等同于正圆。

在本书中，我将尽可能小心翼翼地绕过哥白尼运动理论中那些艰涩复杂的部分，因为有时候我猜想：其实哥白尼自己也知道，将天体的运行简化为匀速圆周运动是一项徒劳无功的努力。

他批驳了托勒密有关行星运行的一些观点，并表达了一个悲哀的、毫无抱负可言的愿望：他希望"这项技艺的原理能够得到保留，不均匀视运动的比例更加稳定"——他并不奢望这个比例保持不变，只是期望它能"更加稳定"。为什么不呢？负责帮我修订本书手稿的天文学家就哥白尼将均匀运动定义为平均运动发表了如下见解："要知道，我们直到今天也有类似的做法。将一'天'规定为24小时整对我们来说比较方便，但实际上，太阳并不会在每天的同一时间回到天空中完全相同的位置。"

此话不假。但我们也知道，我们不过是事后诸葛亮而已。可以说，哥白尼的学说是为了表明行星**在圆形本轮上做直接匀速圆周运动**而做的努力。这一努力注定失败，但也是高贵的失败。

静　止

自牛顿后，我们这些去中心化的人逐渐认识到了**参考系**对于描述运动的重要性。诚然，牛顿、伽利略以及如今的我们面对的不是静止，而是不断的运动。科学告诉我们，地球在自转，差不多用24小时转一圈，同时围绕太阳公转，转一圈的时间略大于365天，同时还与银河系的其他星体一起朝仙女星系（Andromeda Galaxy）运动——先别考虑宇宙大爆炸的动力。咱们先考虑一些小规模爆炸：如果我们用手枪朝靶心射击，子弹的运动就是我们在此刻唯一关心的运动。为了计算简便，我们假定：在考虑子弹从枪膛到靶子后面的铅色土堆的位置变化时，射击者、子弹、靶子的天体运动①都可以忽略不计。然而，亚里士多德将出于简便

———————

① 指跟随地球自转和公转的运动。

所作的假设奉为真理。他说：

> **包围者中心的静止边界是地点**①。这可以解释为什么天宇的中心与该旋转系统的表面（面对着我们的那一面）对所有人而言都是严格的、完全意义上的"上方"与"下方"。因为前者总是处于静止状态，而旋转体的内部也保持在原来的位置。

在哥白尼之前，地球是静止的。别去理会那些观点相反的日心说支持者，他们没有虔敬之心，我们现在不是偶尔也会受到阴谋论者和儿童猥亵者的困扰吗？地球是静止的，**总是处于静止状态**。

在此，让我用柏拉图《蒂迈欧篇》中的一个定义来做一个比喻："重"这一属性指的是一个物体阻碍外力将其从原来所属的地方移动的特性。这句话可以说明地球作为宇宙中心的地位为何久久未被撼动。

---

① 这句话比较难理解，在此提供此段引文的前文做参考："容器是可变的地点，而地点是不可变的容器。因此，当某一物体跟随被运动着的容器一起运动并发生变化时，例如船行于河上之时，包围者起到了容器（而非地点）的作用。地点其实是不动的：所以，整条河是地点，因为作为一个整体，它是不动的。"

注解：第一卷　第5（续前）—9章

哥白尼对参考系也有充分的理解。在那段著名论述的开头，他写道："物体在视觉上的位置变化可能是由被观测物或观测者的运动所引起，也可能是由二者的不一致运动造成。"也就是说，方位**不**一定是中心的静止边界。我们看到太阳升起、落下，天宇看上去在旋转。因此，有人可能猜测是天宇在移动，也可能认为是地球在运行（快打消这个念头！），并且方向与所看到的天宇旋转方向相反。

第一卷　第5章："地球做圆周运动吗？"

《天球运行论》在这部分致力于论述日心说假设，而且语气毫不含糊，因此我们在这里描述哥白尼对奥西安德尔所做的序言的愤怒，并没有违背他心理的"表象"。哥白尼的论述值得在此引用，并非因为其语言特别优雅，也不是由于其论述有什么原创性——相反，哥白尼为了使自己的观点更有说服力，接连引用了三位毕达哥拉斯学派的学者以及一位锡拉库扎（Syracusan）学者的论述——而是因为这段话表现了作者公开追求真理的品质。就像新娘新郎说的"我愿意"一样，重要的不仅是话怎样说，还有把话说出来**这一行为**。哥白尼把他的观点说了出来，并且让世界听到（世界在恋人的眼中很可能是偏离中心的）：

> 　　除地球及其周围的物体外，整个宇宙似乎都在做周日旋
> 转运动。如果你承认，天宇并未做此运动，而是地球在自西
> 向东转，那么你会发现——如果你认真考察的话——就我们
> 所见的日月星辰的升起与落下而言，**情况的确如此**。

（奥西安德尔："书中的假设不必为真，甚至不一定存在现实
的可能性，如果说这些假设提供了一种与观测结果相符的计算方
法，那就足够了……"）

　　哥白尼接着还说："游星（即行星）看起来有时靠近地球，
有时远离地球，这一定表明：地球的中心并非这些游星圆轨道的
中心。"（托勒密其实也未曾说过地球的中心是行星轨道的中心。
他说的是：地球的中心是均轮，本轮，或者偏心匀速圆的中心。）
情况就是这样的，地球不仅绕地轴自转（这可以解释为什么会有
日与夜），而且也相对于那些时远时近的行星做第二种运动——
即沿黄道公转，周期为一年——尽管在论述的这一阶段，哥白尼
尚未排除与此对立的另一种可能：这第二种运动也许是这些行星
的固有运动，而非地球的固有运动。

　　哥白尼的斧头落下了，旧宇宙出现了一道裂开的伤口。

第一卷　第6章　广袤宇宙的几何构造

　　我们在《圣经·创世记》里读到"神就造了苍穹"，或者说
天穹，"把苍穹以下的水与苍穹之上的水分开。事就这样成了。
神称苍穹为'天'"。哥白尼以类似的口吻写道："令圆 ABCD 为

地平圈，地平圈的中心 E 为地球。"地平圈将星体分为可见和不可见的两部分。

　　下面，我们将讨论哥白尼如何证明自己的宇宙模型（其大小介于奥古斯丁的宇宙与赫歇尔的宇宙之间）。通过重现这一证明过程的逻辑思路，我们可以大致了解《天球运行论》的论证方法。这部著作晦涩难懂，术语也没有明确定义，半对半错的主体内容又存在诸多特例（参见本书最后一章的注解部分），因此，基本不可能对哥白尼从观测结果得出结论的过程做出简要总结。不过，下面这段论证是个成功的例外（《天文学大成》中亦有类似的论证）。

　　想象你和我站在一个小球 E 上，我们一边抱怨托勒密，一边用一种叫望筒（dioptra）① 的仪器观测星座。令巨蟹宫第一颗星在地平圈上升起的位置为点 C，此时摩羯宫第一颗星正在落下，令其落下的位置为点 A。"于是 AEC 都在穿过望筒的一条直线上，显然，这条线是黄道的一条直径"，因为位于巨蟹宫与摩羯宫之间的黄道六宫"形成一个半圆，而直线的中点 E 就是地平圈的中心"。当 E 的天球或 E 本身运行一圈（谁运行并不重要，但哥白尼经常前后矛盾，他这里指的肯定是运行**半**圈，或者说是指从可见地平圈的一头运行到另一头），摩羯宫从 B 点开始升起时，巨蟹宫将于 D 点落下。此时"BED 在一条直线上，并且是黄道的一条直径"。由于 AEC 也是黄道的一条直径，E 同为 AEC 与 BED 的中点，因此"地平圈总是将黄道平分"（事实上，哥白尼只举了两例，并不能证明"总是"，但这种说法很可信）。于是，根据几

---

　　① 望筒的用途是在分点时沿同一直线看日出和日落，此仪器证实昼夜等长。

何学定理，将一个大圆平分的圆必定也是一个大圆，因此，地平圈与黄道都是天球上的大圆。"所以，地平圈是一个（经过地球中心的）大圆，圆心就是黄道的中心。"

"从上述论证来看，天宇显然比地球广阔得多。"哥白尼这样总结道——即便是在当今这个对精度要求极高的时代，我们在测量恒星的距离时，也很少在意这个距离是从地球中心算起还是从天文台的穹顶算起。测量太阳系内的星体则是另一回事，但只是对天文学家而言。对水手来说，他们以任一行星做参照，都无须校正视差。虽说这些行星与我们的距离相差很远，但天宇实在太过**广阔**，即便设想水星（只有在足够幸运且有技巧的情况下，我们才能看到它）与土星处在同一天球的"顶部"，也不会有多大的差错。

哥白尼继续写道："但我们也看到，除此之外，我们尚未得出其他结论，上述论证并不能证明地球必然静止于宇宙中心。"

那宇宙的中心在哪呢？由于"游星"并不总是与地球保持同样的距离，因此"应当从更广义的角度看待绕心运动，每种运动遵从各自的中心就行了"。

第一卷　第7—9章　哥白尼几乎定义了引力

由于地球主要由两种重元素①之一的土构成，所有具有重量的元素都倾向于地球中心，然后停在那里。"这更能说明地球静止于中心。"托勒密与其他亚里士多德学派的学者便是这样论证他们观点的。

———————

① 这里指的是前文提到的四种基本元素中会下降的两种。

"我个人认为，"哥白尼这位忠实的柏拉图主义者回应道，"引力或者重力，其实就是宇宙的创造者通过神圣的意志植入物体各部分中的一种自然亲和力，这种亲和力使它们互相结合，并以球体的形式聚为一体。"假如是这样的话，其他行星乃至太阳不也应该具有这一属性吗？

题外话之一：海王星的大气层

这里需要再强调一下：哥白尼所说的引力和我们今天理解的引力还不太一样。

关于地球在旋转这一观点，托勒密的一个反对意见是：假如我们不是处于静止状态，那么地球上的每一样东西、每一个人都会被甩到太空去。哥白尼对此暗暗发笑，他反问：为何前辈光操心地球，而不担忧宇宙的命运呢？按照托勒密的逻辑，宇宙难道不是以极高的速率绕着地球旋转吗？再者，天球的位置（距地球）越远，旋转速率就越高。为什么恒星天球上的居民没被撕裂成碎片，飞散到空中呢？（我那本物理教科书是这样说的："半径为 10^{-4}m 的小钢球以高速旋转，当圆周速度达到约 1000m/s 时，小钢球就会爆炸。"）但是迄今为止，很少有星体因为高速旋转而爆炸。星体当然不是钢球，而是由天界的完美元素构成，无论这是何种元素，它肯定能经受住强大的离心力而不分裂。但由于是假设了一种未知的物质，其性质也是未知的，这无法使人信服，不能解决真正的难点。托勒密对地球保持静止的论证不如哥白尼的反对意见（地球在旋转）有说服力。

我们这些去中心化的人知道，我们不会从旋转的地球上飞走，是因为引力、惯性，以及离心力①方面的因素让我们稳稳留在了地球上。我们还知道，地球的大气是具有质量的物质，因此根据牛顿定律，大气和我们人一样具有惯性、受到地球引力的作用。但托勒密敬重的是亚里士多德的定理。对他而言，气的运动和土的运动没有一点关系，因为亚里士多德说过，每种元素"在**它自身之中**都存在一条运动与静止的原则"。另外，（表面上）静止不动的大气层存在另一种"飞散到太空中"的情况：一支箭在空气中穿梭时，空气不会与箭一起运动。因此，假如地球像这支箭一样，大气层同样也不会跟着运动，于是我们就会看到云和陨石（当时人们认为陨石是一种大气现象）不停地远离我们，方向与地球的旋转方向相反。

托勒密会对海王星的情况作何解释呢？这颗行星和地球一样自西向东自转。但是，海王星上的风以每小时 2000 千米的速度从东往西吹（至少在赤道上如此），这是太阳系内最高的风速。假如托勒密化身为海王星赤道上的居民，在经过推论和观测后，他就会（出于完全错误的原因）认为自己居住的这个星球确实在旋转，就像哥白尼描述的地球一样。

题外话之二：科里奥利效应

托勒密的反对意见碰巧说中了问题的关键，而他和哥白尼并未知晓这一点。恒星天球（假如它果真存在的话）围绕我们向西旋转的速度高于任何比它近的天球。同理，地球的赤道（由定义可知赤道是地球上最宽的部分）向东旋转的速度也高于地球上其

---

① 应为向心力，而且这里充当向心力的其实也就是引力。

他位置。两极保持（理论上）静止。因此，从赤道向北的风具有向东旋转的推进力，其速度大于下方的陆地或海洋。这股北风因此变成了东北风。反之，（从北半球）往南吹向赤道的风相对于地表的速度逐渐降低，因此相对于地表是向西南运动的。

在南半球，这一效应［各位也许已经猜到了，这个效应是以一个叫科里奥利（Coriolis）的人命名的］与北半球相反：南向的风往东南方向吹，北向的风往西北方向吹。

科里奥利效应有着方方面面的影响。例如，旋风的旋涡在北半球逆时针旋转，而在南半球则顺时针旋转。科里奥利效应不仅适用于气流，也同样适用于水流，因此它影响着主要洋流的路径。

为什么托勒密和哥白尼没有认识到这一效应？首先，他们缺乏南北半球气流和水流的历史数据；其次，受当地气压和摩擦力变化的影响，科里奥利效应会减弱，有时甚至会被抵消。

简而言之，旋转的地球**的确**会把自己的大气层甩开，但不像托勒密所想象的那样彻底或剧烈。

"我们该如何说明云的情况呢？"

不管怎么说，假如哥白尼那个时代就有牛顿力学的话，他就能终结掉托勒密关于大气层被地球甩开的说法了。万物确实会"互相结合，聚为一体"。一旦理解了引力的普遍性，问题就简单多了！赫歇尔对这个问题给出了满意的解释，他打了个比方（即便是在托勒密那个时代，这个例子也是可以实现的）：在海上航行中，竖直向上扔出的一颗球会落回扔球者的手中，因为扔球者与球被"灌输"了和船同样的运动。① 这样看来，赫歇尔大概也会像哥白尼一样反驳托勒密吧。不过，哥白尼是这样表达自己的反对意见的：

> 那么，我们该如何说明云的情况呢？（云并不总是向西运动，即并不总是与向东旋转的地表相向而行）……只能这样认为：不仅是地球和与之相连的水往这边（东）运动，而且相当一部分空气以及与地球存在亲和力的其他物质也跟着一起运动。这可能是由于靠近大地的空气混合了土和水，因此遵循着和地球一样的规律，也可能因为空气与地表相邻，因此从不断旋转的地球那里获得了动力，毫无阻碍地随地球运动。②

也就是说，哥白尼试探性地提出了两种解释。第一种是古老的元素论，即地表空气的本性是"轻"，但在与土、水接触后，传染上了一定程度的"重"；第二种是对惯性这一概念的直观表达。在我看来，这位学者身上有种非常动人的品质：他没能找到由牛顿发现的工具，但仍然为了准确地理解现实而进行不懈的探索、论证。

第一卷　第9章　以太阳为中心

《天球运行论》中有个最令人赞叹的例子表现了这种品质。

---

① 即是说，三者在水平方向上做同样的运动。这里应该还需要一个条件，即船做匀速直线运动。

② 括号内的注释为本书作者所加。

哥白尼在前面的讨论中仅仅指出，我们有理由认为地球以某种方式运动着，但随后他便果敢地抓住了问题的关键。他写道："最后，太阳将被视为世界的中心。正如人们所说，只要我们睁开双眼，正视事实，就会发现行星依次运行的规律以及整个世界的和谐，都向我们揭示了所有这些真理。"

见此图标
微信扫码

辅助阅读：哥白尼与《天球运行论》。

1543 年的观测局限

拯救表象何其容易！

要是能用肉眼看出这些事实就好了！但是大部分人的眼睛都无法分辨出两颗相隔仅 4 弧分的恒星。

我们知道的事越少，就越能无拘无束地想象。（乔治·奥威尔有云："无知就是力量。"）20 世纪 50 年代一位热爱"精确性"的科幻作家天马行空地将金星想象成一个遍布沼泽地和丛林的世界——我们那时候还不知道金星有多热。由于不知道海王星的存在（当然更不可能知道这颗行星的赤道风速），托勒密根据不相干的观测证据，得出了有关地球大气层旋转的错误结论。16 世纪 50 年代的学者也可以随自己的喜好，选择相信哥白尼的日心说或者托勒密的地心说。两种体系都为了"拯救表象"①而做过了头。哥白尼的学说原本有机会对圣经直译主义者②的宇宙构成不小的威胁：为何不同时信仰日心说和"神的宝座"（Throne of God）呢？不过，由于哥白尼的著作中存在诸多错误和不完整之处，再

---

① 指的是将星体的不规则运动解释为多种规则运动的组合，例如托勒密的本轮和均轮理论。

② 即按照字面意义理解《圣经》。

加上奥西安德尔那篇态度谦逊、让人安心的序言，（"让我们把这些新的假说也公之于世，与那些不再可信的旧假说一并存在。"）这种威胁的力量受到了很大的削弱。

傅科摆

现实是什么？科学史以及生活本身教给了我们一个道理：世上存在着许多我们尚未了解的事物。托勒密的理论是我们存在方式的一种寓言：这种理论适合我们，它能解释几乎所有的情况，咱们不用管其他理论了，总有一天我们会拯救**所有**的表象！后来，哥白尼出现了。哥白尼之后，又有开普勒、牛顿、爱因斯坦，还有乘坐火箭的宇航员——他们将望远镜对准了运动着的地球！（"从火箭上拍摄的图片显示，对于地球之外的观测者而言，最深刻的印象是：地球表面非常平坦……最高的峰顶和最深的峡谷不过是平滑地表上少许的不平整之处而已。"从足够高的地方看去，尘世就变成了仙境。所以说观测是有局限的。）

托勒密坚持认为，假如我们的地球真的在运转（快打消这个念头），那么垂直抛向空中的物体下落的地方应当在铅垂线的后方。在当时的观测限度内，托勒密是对的。让我感到惊讶的是，直到 1851 年 3 月，傅科（Foucault）才用一个单摆拓展了这个限度。具体做法如下：

用一根金属丝将一重物悬挂在静止不动的三脚架上。用一根线环绕金属丝，慢慢将线朝南（即沿着地轴旋转的方向）拉紧，直到金属丝被拉向你的方向。耐心等待片刻，直到金属丝的震动消失后，点燃一根火柴，将线烧掉。于是，单摆开始来回摆动，且不存在横向运动。接下来发生的情况和科里奥利效应同理：如果你碰巧在赤道以北，那么单摆每次摆动的北端都会位于上一次的东侧，摆动的南端则逐次西移。（在南半球，单摆的摆动轨迹则逆时针转动。）傅科摆在空间中自由摆动的同时，地球居然在绕着它旋转！与科里奥利效应相反的是：摆动轨迹的转动在两极最为显著，而在赤道，摆动轨迹没有任何变化。对于地球上任一位置，摆动轨迹的转动速度可以用每小时 15°（地球自转速度）乘以纬度的正弦值来计算。

如果你去巴黎，在先贤祠带窗或无窗的穹顶下，你会看到一个傅科摆的复制品在带刻度的圆环内慢慢地、静静地来回摆动，摆动轨迹的变化几乎无法察觉。从远处一个合适的角度看过去，闪闪发光的球似乎没怎么摆动，只是在微弱地搏动着。此外，每次摆到一端，小球就会搏动一下，然后重复来时的路径，不过来与回的路径会有微小的差别。在巴黎，摆锤的轨迹每 6 分钟变化 1°，也就是每小时 11°（15°/h × sin 48°51′ = 15 × 0.7528 = 11.292），每天 272°。旁边的标牌上写着：**欢迎来见证地球的转动**。不过，要经过相当长时间的观察，才能确信摆锤真的在顺时针转动。地球慢慢地、静静地转动着（1674km/h），先贤祠内冰冷的塑像也在安静地看着。如果你只看了一两次摆动，可能不会发现它在转动——这再次说明了观测具有局限性。如果你目睹了科里奥利效应，但没完全弄懂其原理，你可能会认为单摆在赤道（而非两极）的旋转速度最快。有时候，由于对此前的正确观测做出了错误的解读，观测的局限性就会持续存在——托勒密就是这样。

现实就是我们现在所感知到的事物。这个定义多可悲、多狭隘啊！但这确实就是现实的含义。如今，我们有了轨道望远镜和行星际探测器，星体——至少是行星——终于向我们显露了一些它们的光辉；在黑暗的太空背景下，水星表面遍布红色陨石坑[我曾读到过，哥白尼从来没观测到水星，甚至连个影儿都没见着。对此，他抱怨维斯瓦河（Vistula）河水产生的蒸气遮挡住了视线；我手上这个版本的《诺顿星图》（Norton's Star Atlas）也表示，搜寻水星给人带来的"普遍体验"是"挫败和失望"，即便有业余天文望远镜也是如此]。火星球体呈蓝色和赭色，实际上，由于火星含铁，其球体颜色比多数图片所显示出来的更红，"一部分是光照条件所致，一部分则是因为校准观测系统存在一定难度"，这又说明了"感知即现实"！木星那壮观的环状带如同水母一般鲜艳夺目，而围绕木星转动的众多卫星就像用半宝石做成的弹珠，可惜哥白尼完全不知道它们的存在。还有以他的名字命名的那个黑色陨石坑①，在月球灰色地平线上的一片狼藉之中，这个陨石坑就像一只凝视着前方的眼睛。

"前人的遗产"

我们的日心说英雄仅仅拥有以下几项"观测用的财富"：（1）由马丁·贝利卡（Martin Bylica）②发明的一种如钟表般精准的梨形星盘，上面有以浮雕手法雕刻的符号，哥白尼似乎于 1494年使用过该星盘；（2）赤基黄道仪，一种象限仪，类似于安在旋转的金属板上的地球仪，哥白尼一开始建议我们用木材制作象限仪，然后又改变了主意，因为木材可能变形，使测量结果不准

---

① 即哥白尼陨石坑或哥白尼环形山，位于月球的风暴洋（Oceanus Procellarum）以东，直径 93km。

② 马丁·贝利卡（约 1433—1493），波兰占星师、天文学家。

确；（3）他的双眼，不过他的视力可赶不上超人，因此最多只能辨认出五颗行星；（4）古人——包括托勒密——的观测数据，这大概是他最宝贵的财富。相比于托勒密，哥白尼可谓青出于蓝，但他始终没能摆脱这位前辈的影响。例如，哥白尼从托勒密以及其他前辈那里了解到如下信息："土星是位置最高的游星，转动一周的时间为 30 年。月球自然是距地球最近的星体，转动一周的时间为一个月。"《天球运行论》中还有许多引述，比如这句："根据托勒密的记录，火星在近地点的南黄纬最大值约为 7°。"

哥白尼并没有一味照抄托勒密的数据。《天文学大成》记录的土星远地点为 224°10′。哥白尼在《天球运行论》第五卷第 6 章将这一数据改为 240°21′，在第二卷第 14 章则改为 226°30′。不过话说回来，假如没有托勒密，没有赤基黄道仪，哥白尼能做出什么成果吗？（事实上，他用的仪器跟托勒密所用的一样。）他尽力做到最好，力争在观测条件受限的情况下获得成功。有关他的一篇生平简介是这样说的："他做了一些观测，但这些观测对他没有帮助，因为他使用的是自制的粗糙仪器。于是他转而采用前人错误的观测数据。"其实，前人的观测数据并非像这段话暗示的那样都是错误的——例如，托勒密记录的金星最大距角和我们现在的数据相差无几——不过，哥白尼有时候也会被这些数据误导，就像他因为坚持星体做匀速圆周运动而受误导一样。比如说，古代测算的岁差数据很多都是错的，因此哥白尼的岁差理论也是错的。

诸位可知托勒密把前人的观测称作什么吗？"为了另一个人对智慧与真理的热爱而做的工作。"他说得对。哥白尼了解并尊重前人的工作，因此他建议我们"珍惜他们的观测数据，这是宝贵的遗产"。真理——至少就科学真理而言——大概只有在累积了无数辛苦而平凡的工作之后才能获得。

第谷·布拉赫花了 6 年时间，记了 9000 页的潦草笔记，才得知火星的实际位置有时候会与自己计算的理论位置相差整整 8′（顺便一说，第谷无法容忍哥白尼的日心假说，到了第谷那个时代，日心说只能算是一种假说，这也是由于观测的局限性）。开普勒因此勇敢地断定："这不可忽略的 8′ 为天文学的彻底改革指明了道路。"前人的遗产呐！诸位应该还记得哥白尼说过，如果他能把精度控制在 10° 以内（1° = 60′），他"就足够能像毕达哥拉斯发现那条著名定理时一样高兴了"。（《天球运行论》第六卷："然而，无论 3′ 还是 4′ 都不够大，很难用星盘这样的仪器测量出来。因此，可以认为金星的黄赤交角最大纬度数据是**正确**的。"）假如第谷和开普勒以 10° 的误差为标准，他们就不会被 8′ 的差值所困扰，天文学的改革也就不会发生了。

这就是观测局限啊！开普勒是这样描述哥白尼陨石坑及其同类的："因此，月球上的这些黑点是一种液体，这种液体利用自身的色彩和柔和度减弱了太阳光线。"迄今为止，还没有观测结果能够证伪月球陨石坑含有液体这一观点。

那么，为什么第谷反对哥白尼的学说呢？因为按照哥白尼的理论，如果地球的确在运动，那么应该可以观测到恒星的周年视差位移（我们再过两章就会讲到），但第谷这位技艺精湛、尽心尽力的观测者却没能观测到这一视差位移。因此，第谷推论：地球静止不动，太阳围绕地球转动，而其他行星则围绕太阳转动。他拯救了哥白尼，同时也拯救了表象。恒星的视差直到 1838 年才得到科学验证。

"通常需要双筒望远镜"

在那座如今被称为"哥白尼塔"的砖石建筑内，哥白尼希望做出什么成就呢？这是一座不起眼的建筑，截面为矩形，顶部呈箭头状，覆盖着瓦片。在弗龙堡（Frombork）教堂尖顶之上的夜空中，哥白尼看到的是怎样一番景象呢？除了能看到恒星，还有一些奇怪的光点，哥白尼告诉我们，这些光点"到处游荡，有时往南边晃悠，有时又朝北边移动——因此它们被称为'行星'"。我手头的一本现代业余观星者指南是这样建议我们寻找行星踪迹的："以看似静止不动的恒星为背景，夜复一夜地观察它们在此背景下的移动，留意它们是如何扰乱星座的形状的。"夜复一夜！这可未必是件容易的事。金星比较易于辨认，因为它比其他天体都要亮；木星的亮度和金星差不多，但有时候火星还要更亮些，就像一颗橙色的恒星；土星看上去像一颗黄色恒星；至于水星，"通常需要双筒望远镜才看得到"，这就是为什么哥白尼从来没有观测到水星的记录。

观测上的局限让他成了个"半残废"。现在的我们能看到月球上的岩石，但哥白尼只能依靠装饰着金边的前人著作，而且著作中的球面几何学尚不完善，哥白尼为了计算月球离我们有多远，还需要自己推导出一部分球面几何定理。另外，对于自己投射到行星天球上的三角形（此可谓天才之举），要想知道某条边长或某个角度，哥白尼只能借助已故天文学家的观测数据，然而他无法信任他们的理论（还记得阿方索星表吗？哥白尼的图书室里也有阿方索星表，这对他而言是重要的参考文献，也是无法摆脱的枷锁）。讽刺的是，他因为相信了这些错误频出的观测数据而得出了许多互相矛盾的结论，这恰恰促使他反对托勒密体系，后者无论对正确的行星位置还是错误的行星位置都无法做出很好的解释。

"我们正在接近探索天空能力的极限。"这句话出现在一本出版于 1982 年的天文学教科书中。然而，另一位天文学家尖锐地评论道："此后 23 年间天文学上的发现证明，这句话错得离谱。从 1982 年到现在，人类的观测范围有了很大的扩展。"但是，即便到了 5382 年，假如那时候人类还存在的话，我们仍会面临观测局限。对于观测范围以外的宇宙，除了演绎和推理，我们还能做什么？

1543 年，哥白尼也接近了观测的极限：五颗行星不过是五个光点，而且他只看到了四颗！于是，他坚定地开始演绎和推理。"就假说而言，"奥西安德尔在那篇高傲的序言中窃笑道，"谁也不要指望从天文学中得到任何确切的事实……如果有人把为了另一目的而构建的假说当真，那么当他离开这门学科时，他会比刚开始接触这门学科的时候更加愚蠢。再见吧。"

在不知道确切事实，甚至无法看到确切星体的情况下（他从来没看到过行星盘），在没有傅科摆、缺少事实、缺乏确凿证据的条件下，哥白尼"把为了另一目的而构建的假说当真"，把地球推离了宇宙中心！"所以说，日心体系问世太早，差不多早了两个世纪，因此未能得到恰当的理解和赏识。"尽管如此，尽管存在观测局限，日心说还是问世了。这就是我将哥白尼称作伟人的原因。

注解：第一卷 第10—14章

好了，现在太阳是我们这个"世界"的中心了。其他天体的位置该如何排列呢？

第一卷 第10章 对天球的简化和重新排列

哥白尼的前辈们有一个合乎情理的看法：天空中看上去移动较慢的天体，一定比移动较快的天体（比如月球）离我们更远。更准确地说，"运行轨道的大小应以（运行）时间的长短来度量"。他们以此给行星排出了正确的顺序（由远及近）：土星，木星，火星。

至于金星和火星的位置到底在太阳天球之上还是之下，古人们并未达成一致意见。因此我们将在下一章讨论金星轨道，因为它近似于哥白尼描绘的典型轨道。现在，我们只需留意的是，哥白尼对内外行星的天球做了很形象的说明：

> 有必要认为，金星的圆轨道凸面与火星的圆轨道凹面之间的空间①也是一个圆轨道，或者说球壳，它的两个表面与

---

① 所谓凸面和凹面即圆轨道的外侧和内侧，即指在金星轨道之外和火星轨道之内的空间。

这些圆轨道同心，并包含地球及其卫星——月球，自然也包含月球天球之内的物体。

哥白尼并不介意把这个以日心说为前提、由逻辑推理得到的结论当作事情的缘由：

　　　　因此，我可以毫无愧色地断言，月球和地球的中心所包围的整个区域围绕太阳做周年运行，其轨道为一个大圆，位于其他游星之间。

《天球运行论》的英译本译者对此的评论是："哥白尼将金星和水星的偏心圆合并为一个携带着地球的圆。此外，他还瓦解了土星、木星、火星的三个本轮，将这三颗行星也并入同一个圆。也就是说，他用一个圆①就起到了从前五个圆的作用。"

"我还要说，"哥白尼再次强调，"太阳永远保持静止，太阳的任何视运动都可归结为地球的运动。"这就又与奥西安德尔的序言背道而驰，他还勇敢地提出如下观点：尽管太阳和地球距离很远，但与地球到恒星天球的距离相比，则显得微不足道。

第一卷　第11章　地球的三种运动

现在，哥白尼将托勒密的两种天体运动替换成了另外三种运动。

其一为地球每日自西向东的自转，"自转轨迹形成了赤

---

① 有可能指一组同心圆，而并非同一个圆。

道圆"。

其二，地球绕太阳公转，同样是自西向东，周期为一年。该公转轨道位于金星与火星的轨道之间。"因此，太阳本身看起来像是在黄道上做类似运动……当地心通过摩羯宫时，太阳看起来正通过巨蟹宫；当地球在宝瓶宫时，太阳看起来在狮子宫，以此类推……"

地球的第三种运动是哥白尼的假设，叫作倾角运动（declination），方向自东向西，从白羊宫至双鱼宫。这种运动对于解释这样一个事实似乎必不可少，即地球相对于黄道平面的位置并不是保持不变的。哥白尼断定该运动必不可少，因为在地球上的大部分地区，昼夜长度之比全年都在变化，且四季也交替出现。

哥白尼认为，倾角运动与公转的方向相反，但周期几乎相等。"于是，地轴和赤道（地球上最大的纬圈），二者几乎都指向世界的同一区域。"——"几乎"，也就是说并非完全如此，因为地轴进动是不可否认的事实，自托勒密时代至今，分点和至点的位置已经变化了20°。

哥白尼总结道："黄道永远不会变化——恒星的黄纬固定不变即可证明这一点——而赤道在移动。"他说得没错，在他之前的天文学家一直认为情况与此相反。

第一卷　第12—14章　一些平面及球面几何定理

《天球运行论》的第一卷以大量几何证明作为结尾：弧、弦、对边、内接四边形、平面直线三角形、球面三角形。"既然我们看到，直线与弧线之差小到无法察觉，二者看上去就像是同一条线……"所有这些论述过程，尤其是那张"圆周弦长表"中列出的一长串数字，我就不劳烦诸位看了。最后引述哥白尼本人的一句话作为省去这些冗长论述的理由："假如要做更细致的考察的话，工作量会异常巨大。"

金星轨道

我们在哪里?[①] 当然是在宇宙中心。那么，金星的情况如何？

对美索不达米亚人而言，这个星球象征着伊师塔（Ishtar）[②]。他们认为，在金星升入金牛宫的时刻，用青金石雕刻的伊师塔护身图可以帮助男人赢得女人的芳心。对哥白尼和托勒密而言，它是一颗游星。而对我们而言，它是"一个名副其实的火球，颜色类似无影的暮光，充塞着高温、高压状态的二氧化碳"。《天球运行论》对金星只做了零星的讨论。这是一部难以理解、错误连篇的著作，写给一个他可能会逃开的未来。我这本可悲的小册子不过是对这部著作的不完整复述，因此我并不期望能够合理展现哥白尼的许多数学论述，再说我也不想这样做。忽略掉金星的逆向自转吧——在我们太阳系的所有行星中，只有天王星如此。[③] 也不要在意如下内容：从一次**下合**到下一次下合（584 天），或者从一次**上合**到下一次上合期间，金星相对于我们地球人旋转四周，相对于太阳则旋转**五**周，这是由于两颗行星围绕太阳公转的角速度存在一定巧合。

（有兴趣了解"合"是什么吗？在地心宇宙体系中，两颗行

---

① 双关语，也有"我们刚才说到哪儿了"的意思。
② 美索不达米亚宗教中的战争与性爱女神。
③ 天王星的黄赤交角为 98°，几乎是"躺着"自转。

星经过黄道十二宫中的同一宫时，称为"合"。在占星学中，这是否为吉象，取决于这两颗行星在此之前是同向还是相对运动。"所有行星都害怕与太阳相合，"一位神秘学者声称，"而对与太阳处于三分相位和六分相位①感到欣喜。"欲知"合"的去中心化的现代定义，见本章下文。)

"在第五个位置，金星每9个月公转一周。"哥白尼如是说。他把一个月估计得太长了，因为金星绕太阳的公转周期实际为224.7天。这一点错误也不用在意，他还是有一些正确观点的。

哥白尼将金星轨道想象为一个与地球轨道不同心的圆形（还能是什么形状？），并计算出其轨道半径为7193单位（黄道半径为10 000单位）。我们现在计算的金星轨道平均半径为地球轨道的0.7233倍，如果我们用7193除以10 000，就得到0.7193，这和现在的数据非常接近。

他构造的金星轨道相对来说较为简单，雅各布森评论道："在这幅示意图中，所有的运动都是直接的……由于偏心率较小，金星的轨道倾角适中，因此这一排列很好地反映了该行星的黄经变动。"

描述金星的真实轨道超出了托勒密和哥白尼的能力范围，当然更超出我的能力范围。但是，打断注解部分的内容，讨论一下金星的情况仍是有价值的，无论我们的讨论有多浅显。这是因为，哥白尼"似乎觉得自己通过对金星和水星的讨论获得了胜利"。

---

① 三分相位即两个天体成120°，六分相位即60°。

"与宝瓶座的睾丸星①位于一条直线上"

我们在《天球运行论》第一卷第 10 章中看到，他解决的第一个问题是：金星在哪里？

托勒密和哥白尼都研究过这一问题。

"哈德良二十一年麦什月（Mechir）② 9—10 日晚，我观测到金星与太阳的距角达到最大，"托勒密如是写道，"金星此时非常接近满月的三分之二，位于构成正方形的四颗恒星的最北边那颗以东，并且紧跟着位于宝瓶座睾丸星以东且与睾丸星位于一条直线上的那颗恒星，看上去，金星比那颗恒星更亮。"根据他自己以及数学家提奥（Theo the Mathematician）的观测，他测算出了金星在黄道内的偏心远地点和近地点：分别为金牛宫 25°内以及天蝎宫 25°内。然后，他画出三个互相重叠的圆圈，算出金星的本轮和均轮（本轮的圆周轨道）半径。

而在 1529 年"3 月月中日（ides）③ 的前 4 日"，我们这位隐居的"暗号天才"④ 观测到了金星，这是在"日落后 1 小时，也就是正午后第 8 小时。我看到，月球两角之间阴暗部分的中央开始掩蔽金星，这次掩星现象持续了 1 小时或稍长于 1 小时……大约在这一小时的中间时刻，月球中心与金星中心重合，我在弗龙

---

① 以星座中的各颗恒星比拟人体部位，"睾丸星"大概就是指位于睾丸部位的两颗恒星。

② 麦什月，古埃及历中的第 6 个月，相当于公历中的 2 月 8 日至 3 月 9 日。

③ 月中日在古罗马历中指 3、5、7、10 月的第 15 日，其余月份的第 13 日。

④ 指哥白尼，作者之所以戏称他为"暗号天才"，也许是因为前面引文中哥白尼说"3 月月中日的前 4 日"，而不直接说"3 月 12 日"（根据后文推测，当哥白尼说某日的前几日时，他是从这个"某日"开始算起的）。

堡看到了完整的景象"。他的语气中透着得意。

那么，我们这两位英雄描绘的圆圈又是什么样的呢？

地球静止不动，永远位于中心，离它最近的是旋转着的月球天球，这是永恒之完美开始的地方。我们已经知道这一点了。而恒星天球位于最远处，永远——或者至少在末日审判来临之前——转个不停。这自然也是不言而喻。在这两层天界之间，所有行星都围绕我们旋转，由远及近（同时公转周期相应递减）的顺序如下：土星天球、木星天球、火星天球。托勒密将太阳天球置于此三者之下，但他对于具体位置抱有些许疑惑，因为他不确定金星天球和水星天球位于何处。

视　差

某些古人（包括柏拉图）认为，金星天球一定是在太阳天球之上，而不是之下。假如是在之下，也就是说位于我们与太阳之间，那么太阳有时候就会被金星遮蔽，遮蔽的面积与金星盘的大小成比例，但我们从来没看到过这一现象［人们最终会目睹该现象，但要等到 1639 年，也就是望远镜问世的第 19 年。那一年，人类首次观测到金星凌日。这一现象发生的时间间隔在 8 年到 121 年之间，所以说，我们那么快就目睹了真相，真是一大幸事。至于水星（在美索不达米亚文明中，水星是智慧之神），一位当代天文学家告诉我，这个天体也同样"很小，要用望远镜才能看到"。简言之，柏拉图的错误可以被原谅。虽说水星凌日经常发生——每三年就有一到两次，但我们也不该责怪他没看到这一现象］。

托勒密承认自己缺少这两颗"游星"的可靠观测数据，并决定信任与他意见相左的前人的判断，将它们置于月球之上，太阳之下。不过，他对这个问题还是不大有把握，因为金星和火星的"视差无法察觉"。

《天球运行论》的译者提醒我们，视差**永远**存在。

视差通常以弧度和弧秒表示，是几何上的棘手问题。视差的各种分类让人心生厌倦，下面对视差做简要解释：

如今，我们在测量恒星位置时，是从两个方位着手的，即在同一点测两次，两次之间相隔 6 个月，这样，地球在两次测量之间的位置相距最远。对于较近的天体，例如月球，我们可以在地球上的两个位置各测一次，要么是空间中的两点，要么是同一地点，但是处于地球夜间自转的两个不同时刻。不管是哪种情况，我们都要用到三角测量法（这是地上方位测定和天体方位测定的基本原理之一），以被测天体为三角形的一个顶点，然后从另外两点观测，这两点可视为三角形的其余两个顶点。① 用这两个方位的两个已知位置便可确定未知点的位置。

随着参照点在日心轨道上的移动，我们要测算其距离的恒星与其他背景星②之间的相对角度看上去也发生了变化，不过这一变化并不大——对于托勒密的地心宇宙体系而言是件幸事。所以托勒密才说，恒星的视差无法察觉。假如哥白尼能察觉恒星视差，《天球运行论》的命运也许会少些波折。不过别忘了，哥白

---

① （原注）天体 T 的"天文三角形"由以下三部分组成：（1）观测者所处位置的经圈（连接距观测者最近的天极以及观测者**天顶**这两个点的大圆，天顶即天球上位于观测者头顶正上方的点）；（2）"时圈"（hour circle）大圆的一半，连接上述天极，T 点，K 点（时圈与赤道的交点），以及另一天极；（3）连接天顶和 T 的垂直圆。根据球面几何学，若两边边长已知，第三边边长即可得求。（译者注：简言之，T 的天文三角形即天球上由天体 T、天顶、天极三点连接而成。）

② 背景星（Background stars），指同一视场内，除观测对象以外的恒星。

尼可是说过这种话的人："如果我能让计算结果与真值相差不超过10°，就足够能像毕达哥拉斯一样高兴了。"而恒星视差潜藏在一个远小于1°的孔中。（"我同意！"一位天文学家在给本书所作的批注里写道，"最大的恒星视差为0.7″，比1°的五千分之一还要小。"）第谷·布拉赫最终反对哥白尼日心体系的原因之一就是，尽管他在观测上下了很大工夫，却一直没能成功算出任何恒星的视差（人们普遍认为布拉赫是有史以来最伟大的天文观测者之一）。个中原因，托勒密和哥白尼早就提到过：和无垠的天宇相比，地球只是几何上的一个点。但是，我们也看到了，实际情况远甚于此！我们怎能责怪他们从赫歇尔描述的无垠宇宙中退却呢？托勒密说得对："显然，对于那些视差无法察觉的恒星而言（和它们比起来，地球相当于一个点），想得到距离之比是不可能的事。"

不消说，托勒密即便知道上文所说的测量方法，他也不会照做，因为他不相信地球在运动。欲知详情，可以咨询他的优秀弟子哥白尼，后者把制作托勒密视差仪复制品的方法告诉了我们：三把直尺（每把至少等分为1414个单位）、轴钉、目镜。用这些材料做出的视差仪能够让观测者测出一个天体与天顶之间的距离，"参考这个表，"按《天球运行论》的说法，"便可得出所求恒星与天顶之间大圆的弧长"。

月球的视差相对来说比较容易测算，因为它离地球很近。托勒密的计算结果为1°7′，由这个数值，他又算出观测时刻的地月距离为地球半径的 40 倍加上 25′。①

　　在托勒密体系中，土星是最外围的行星，其视差仍可测得，只不过测算过程麻烦一些。但是，我们距离织女星这个近邻足足有 25 **光年**。一光年即光在一年中走过的距离。25 光年等于 237 000 000 000 000 千米，这简直是个无法理解的数字，我们用科学计数法将这个数字表达为 2.37×10^{14} 千米。与这个距离相比，地球绕太阳公转的整个黄道圈都可根据实际需要视为一个点，特别是考虑到第谷的仪器比较粗糙的情况下。

　　织女星的视差约为 0.13″。可惜托勒密那时候的技术不够发达，把一个铜圈大致等分为 360°，每度再分为 60 分就几乎是当时能做到的极限了。假如他再把每弧分细分为 60 等份（他还真用杆子和棱镜做了一个仪器，"将固定杆上的这条线均分为 60 份，每份再均分为尽可能多的部分"），那就到弧秒级了，但这还不够，还需要把每弧秒再细分为 100 等份，才能够测出织女星的视差。就是说，需要将 360° 等分为 129 600 000 份。假如他只将每弧秒等分为 10 份，将 0.13″ 四舍五入为 0.1″ 呢？那他测出的距离比织女星的实际距离还要多出 7.5 光年！②

　　"这个说法虽然没错，但听起来有点奇怪，"埃里克·詹森博

------

① （原注）一位天文学家评论道："这句话好像把苹果和橙子混为一谈了，就像是说'我有六英尺又三度高'。"这位天文学家说得对。唉，这种混乱的说法在《天文学大成》和《天球运行论》中一再出现。我花了很长的时间才理解这个说法，并得以"把苹果变为橙子"。我只需用 25′ 除以 60，就得到了确切的比例：40.42。请诸位别介意我的笨脑子。根据现今的计算，地月平均距离为地球赤道半径的 60.27 倍，不过 40.42 并非托勒密的最终结果。最终结果似乎是"线段 EA，即朔望月（与地球）的平均距离"，这正好是地球半径的 59 倍，与现在的数据很接近。

② 作者的计算方法显然是 $25 \times (0.13 \div 0.1) = 32.5$，$32.5 - 25 = 7.5$。

士如是说，"假如托勒密做到了这一点，他就非常接近正确答案了——稍微超出一点应该没多大关系。"没错，但这可是 7.5 光年啊！这相当于在赫歇尔描述的那个无穷无尽的黑暗宇宙中多走了整整 7.1×10^{13} 千米。为了消除对无垠黑暗的恐惧，我们的祖先犯了一个更严重的错误——构建了恒星天球，并将其作为万物的最终堡垒。可是，与这无垠的黑暗相比，他们构想的恒星天球也只不过是一个点……

即便第谷多活 9 年，等到伽利略的望远镜问世，他也没法观测到恒星的视差位移。在他看来，较近的恒星并没有相对于较远的恒星移动，因此，地球肯定也没有移动。直到 1838 年，人类才首次观测到恒星视差。

在托勒密看来，金星和水星的视差似乎无法测算，因为"当它们与太阳相合时，就会隐匿在太阳的光芒中，只有运行到太阳两侧时才能被看到，因此，我们绝不可能在没有视差的情况下看到它们"。这话是哥白尼说的，不是托勒密。"合"指的是一颗行星与地球和太阳位于同一直线上的情形。下合指一颗地内行星①距地球最近之时，而上合即该行星距地球最远之时，此时它与太阳相对。如果一颗地外行星处于第二种位置，我们就说它与太阳相合，而无上下合之别［地外行星距地球最近时与太阳相冲②——这对占星师而言是一种重要的位置关系（没想到哥白尼的学说也能用于占星）。比方说，如果一颗行星进入天蝎宫，而另一颗行星恰好正经过金牛宫，那它们在黄道上刚好相隔180°，处于对立位，因此这种位置关系不吉利］。在所有的这些位置中，三

① 即绕日公转轨道在地球公转轨道之内的行星，包括金星和水星。
② 即地球位于地外行星与太阳之间。

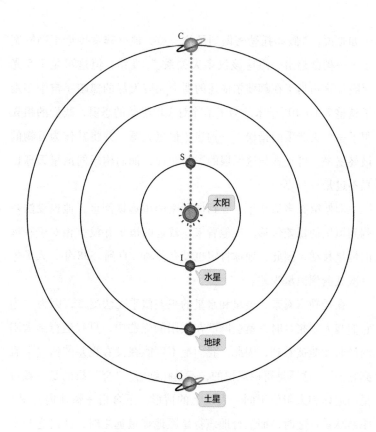

图 11　合与冲（哥白尼视角）

在"合"位，从地球上看去，太阳（或者更概括一些，任一天体）与行星的距角为零。

在下合位（I 点），地内行星与地球距离最近。

在上合位（S 点），地内行星与地球距离最远。

在 C 点，地外行星与地球相距最远，此时它与太阳相合。

当地外行星距地球最近时（位于 O 点），它与太阳相冲。只有在此时，地外行星才会出现逆行现象。

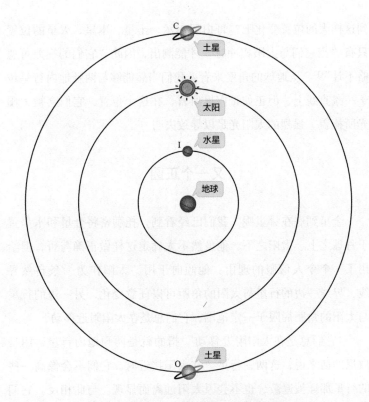

图 12　合与冲（假设托勒密视角是对的）

个天体都位于一条直线上，因此，对于第一个天体（地球）上的观测者来说，第三个天体的位置计算可谓简单又直接（只要他能看见第三个天体）。不过，如果你认为天体做匀速圆周运动，而且还缺少望远镜，那么天体的位置计算就永远是件难事……

我们现在知道，金星在上合处与我们相距 1.6 亿英里（约 2.57 亿千米），在下合处与我们相距 0.26 亿英里（约 0.42 亿千米）。水星在这两个位置与我们分别相距 1.36 亿和 0.5 亿英里（约 2.2 和 0.8 亿千米）。托勒密之前的天文观测者想必能够观测到这样大的位置变化吧？哥白尼表示，土星、木星、火星的位置**只有**"当它们与太阳相冲时"才能测出，因此"它们的视差可忽略不计"①。从地球的角度来看，我们当然能够与两颗地内行星位于一条直线上，但正如哥白尼所言，在这个位置，它们会被太阳光所掩盖。强烈的太阳光足以导致失明。

又一个正圆

金星到底在哪里呢？我们已经看到，托勒密将金星和水星置于月球之上、太阳之下。他虽然不太确定这样做正确与否，但给出了一个令人信服的理由：他倾向于用"太阳作为一条自然界线，界线一边的行星与太阳的角距可以任意变化，另一边的行星与太阳的角距局限于一定范围，它们总是在太阳附近移动"。

"它们总是在太阳附近移动"指的就是两颗地内行星，用哥白尼的话来说，这两颗行星"在太阳接近时，它们不会像高一些的行星那样被遮蔽，也不会因太阳远离而显现。与此相反，它们运行到前方时，就会被太阳的光辉照耀，显露出自己"。

一位天文历史学家对金星的视运动做了如下总结："金星渐渐接近太阳，直到消失在日光中。随后，它从另一边露出头来，此时不应将其视为一颗昏星，而应视为晨星。实际上，从某些方面来说，金星显然伴随着太阳的周年视运动。"

为了将这一"伴随"现象量化，我们现在引入**距角**（angular elongation）的概念，即以地球为参照点，行星与太阳在黄道平面

---

① （原注）20世纪末一本供水手使用的天体导航指南建议说，除月球之外，无须对太阳系其他行星作视差校正。

上的夹角，以太阳以东或以西××度表示。

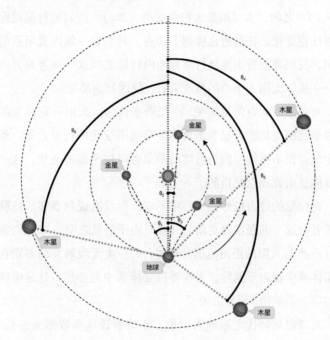

图 13　距角（哥白尼视角）

　　天体的距角指的是由该天体、地球上观测者的视点、太阳这三点构成的角，表达方式为度数加方位（"东/西××度"）。

　　从金星的距角 θ_1、θ_2、θ_3 可以看出，地内行星的距角一定是锐角。金星的距角永远不超过 47°。

　　从木星的距角 θ_4、θ_5、θ_6 可以看出，地外行星的距角可以是 0° 到 360°①之间的任意值（包括 0° 和 360°）。

　　（托勒密视角的地内行星距角示意图可见图 15，留意图中本轮直径方向所受的限制。哥白尼的诠释是绝妙的简化。）

――――――――――

　　①　一般认为距角范围为 0°—180°。

　　从地球上任何一座教堂塔楼上观测，金星的最大距角都在
45°—47°之间，水星的最大距角更小（28°）。而其他行星的距角
可以任意变化，托勒密也提到了这点。只消看一眼内太阳系的示
意图，我们就能看出地外行星和地内行星之间这一显著差异的原
因——从以太阳为中心的角度来看，原因显而易见。

　　哥白尼对此有何见解呢？"托勒密认为，太阳一定位于距角
可以全范围变化的行星与距角不能全范围变化的行星之间。他的
这个观点很不可信，因为月球的距角也可以全范围变化，这一事
实就能证明此观点是错的。"

　　哥白尼的抨击虽然让人心中不安，但没有说到**要害**。托勒密
的译者把这个问题说得更清楚（这是由于后见之明）："这两类行
星（一类与太阳的距角范围有限制，另一类无限制）的差别在托
勒密体系中是出于偶然，但在哥白尼体系中是必然，这是由该体
系的第一类前提①所导致的。"

　　对哥白尼时代之后的人来说，正确解读这些数据太容易了：
从距角范围可以看出，金星和水星距离太阳一定比地球近，而且
水星一定比金星距太阳更近。当然了，假如旧宇宙尚存的话，这
种论断肯定又会让它尖叫起来。

　　因此，在《天文学大成》中，我们可以发现另一种常见的均
轮 – 本轮 – 偏心匀速圆体系：一个旋转着的正圆，其圆心略偏离
地球，该圆承载着另一个旋转圆的圆心，这后一个圆就是金星的
轨道。实际上，金星的真实轨道比太阳系中的其他天体都更接
近正圆（托勒密将天体轨道定为正圆是为了简便，而哥白尼则是
出于偶然）。准确地说，金星的**轨道偏心率**（orbital eccentrici-

---

　　① 应指"日心说"。

ty）——即偏离正圆的程度——仅有 0.007。

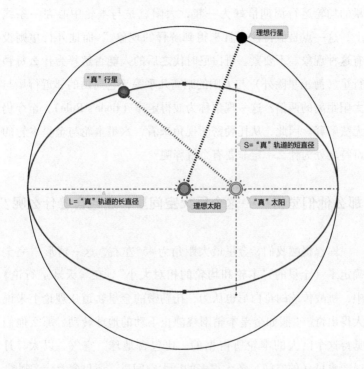

图 14　轨道偏心率

L = 行星轨道长直径

S = 行星轨道短直径

对于托勒密模型和哥白尼模型中的理想行星而言，L = S。现实中很

难有正圆。偏心率 = 偏离正圆的程度，以如下公式计算：$E = \dfrac{L - S}{L + S}$

哥白尼所知的五颗行星的数据：

最低偏心率：金星 0.007

最高偏心率：水星 0.206

（地球轨道偏心率为 0.017）

不过，托勒密的译者评论道："在托勒密体系中，水星和金星的均轮运行周期恰好为一年，太阳总是与本轮中心在一条线上，这一点是值得注意且未得到解释的现象。"而地外行星则没有这种现象。不要紧。哥白尼时代之后的人能否解释为什么每颗行星（海王星除外）与太阳的距离几乎等于它向内的邻近行星与太阳距离的两倍？这一现象称为波得定律（Bode's Rule），至今仍无法解释。因此，从托勒密的视角来看，水星本轮与金星本轮的奇特之处为什么一定非要有个解释呢？

"那么他们觉得……这个巨大空间里，还包含着什么呢？"

库恩提醒我们，金星最大距角为45°左右，这一情形"完全确定了（金星的）本轮和均轮的相对大小"。在《天球运行论》中，挑战传统的哥白尼也认为，托勒密的金星轨道从理论上来说大得出奇。"假如金星本轮围绕静止不动的地球转动，那么他们觉得这个巨大的本轮所占据的，比包含地球、空气、以太、月球、水星（的空间）还大得多的巨大空间里，还包含着什么呢？"

詹森对此评论道："金星本轮被设计得那么大，似乎不仅仅是为了得到正确的运动模型而做的数学简化。虽说哥白尼坚信天体做圆周运动，但我觉得他也用不着设计那么大的本轮。"看来，詹森也赞同哥白尼对托勒密的批评。金星本轮与其他已知星球的本轮相比，实在是**太大**了。我个人也觉得这不太靠谱。托勒密始终捍卫宇宙有限这一观念，因此，金星运行的空间如此之大，让他感到疑惑不解。然而他一直没明白的是，宇宙比金星本轮不知大了多少倍：在地球与摩羯座中最靠近我们的那颗恒星之间，宇宙张开了它的巨口。在我们当中，有谁能说说这个巨大空间中包含着什么吗？我们能说什么呢？

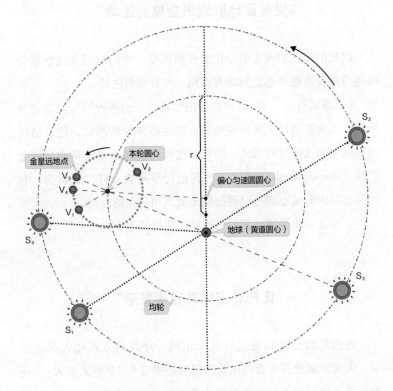

图 15　托勒密的金星轨道

金星位于 V_3 时，与位于 S_3 的平太阳①（mean sun）相合。

金星位于 V_1 时，太阳位于 S_1。金星位于 V_2 时，太阳位于 S_2。在这几种情形以及其他所有情形下（V_3 和 S_3 除外），本轮圆心与金星之间的连线平行于地球与平太阳之间的连线。

———————————

① 平太阳是一个假想的天体，以恒定速率运动（实际上太阳的视运动速率不恒定），速率大小为太阳视运动的平均速率。这是为了方便计时。

"更简便地展现出金星的运动"

以我们现在彻底去中心化的视角来看，哥白尼对金星轨道的描述与托勒密的描述之间既有差别，又有相似之处。

《天球运行论》有云："金星的运动恰好由两种均匀运动复合而成，无论是通过上文所说的偏心圆运载本轮的形式，还是通过前面提到的其他任何形式。然而，这颗行星在运动的样式与可公度性（commensurability）① 上与其他行星不太一样。我认为，利用偏心圆嵌套偏心圆可以更简便地展现出金星的运动。"

一圈又一圈的圆！我们对这种说法再熟悉不过了。

"比托勒密体系还要复杂"

哥白尼的金星轨道包含几个正圆，排列的方式让人无法接受。天文学家雅各布森对该轨道模型的赞赏② 并非毫无保留："托勒密意在使行星本轮的平面与黄道平面平行，而哥白尼的目的是使行星本轮的平面与它们的均轮的（倾斜）平面平行。可是，所有均轮平面与黄道平面的**交线**（错误地）穿过了太阳的年**平均**位置。光是这一做法就使得日心黄纬产生了难以应对的差异，更不用说还导致了距离误差。"为了让每一项结果都正确无误，哥白尼给**所有**地外天体的均轮都设计了微小的摆动，对某些行星而言这复合

---

① 可以用同一尺度度量的性质。
② 见第91页。

了周期性的摆动，而对水星和金星则是加上了另一种倾斜变化，叫做**偏差度**——的确是个恰当的称呼。因此，雅各布森总结道："哥白尼体系比托勒密体系**更**复杂，虽然前者所使用的圆较少。"

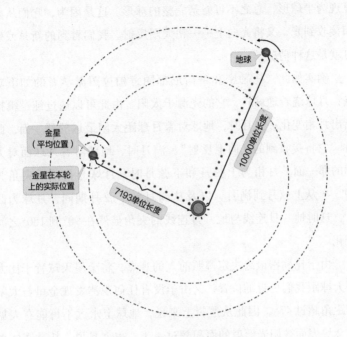

地球

金星
（平均位置）

金星在本轮
上的实际位置

7193单位长度

10000单位长度

图 16　哥白尼的金星轨道

简化版，金星和地球的公转轨道是偏心的①。

"但现在望远镜清楚地显示出金星的尖角"

看来哥白尼又做了一次笨拙而失败的修补工作。但还有一点需要说一下。

———————————

①　即不以太阳为中心。

《天球运行论》再次告诉我们金星不在哪里："柏拉图的信徒们认为，所有行星本身都暗黑无光，它们闪烁的光芒都来自太阳。因此，假如行星位于太阳之下，由于距太阳很近，它们只能显现为半球形，总之不可能是完整的球形。这是因为，它们从太阳接收到光，又将光向上……朝太阳反射。我们看到的新月或残月就是这种情况。"

确实如此，托勒密和哥白尼都同意柏拉图派学者的如下观点：月球绕着地球转，它的光源于太阳。由此可以通过纯逻辑推断出月相变化：新月时，地球对着月球距太阳最远的那一面，此时"它将接收到的光向上反射"。满月时，地球对着月球面对太阳的那一面。月相为上弦月和下弦月时，月球与日月线夹角为90°。① 从上弦月到满月，以及从满月到下弦月期间，月球为凸月，这时地－日连线与地－月连线的夹角显然在90°到180°之间变化。

由于托勒密最终决定遵照前人的观点，将金星天球置于比太阳天球距我们更近的位置，又由于没有任何观测发现金星与太阳的距角超过47°，因此从逻辑上来说，地球上永远不可能有人见到金星表面被阳光照射的面积超过一半。也就是说，托勒密体系中的金星最"满"时的样子也**只不过**是月牙状。

但哥白尼说，金星和地球一样围绕太阳旋转。因此，我们应当能看见金星的不同位相。

在哥白尼时代，观测局限使得上述观点无法得到证实。但是等到1611年，伽利略的望远镜将会证实哥白尼的观点，观测到凸

① 即，此时阳光照射月亮的方向垂直于地月连线。也可说，此时太阳与月亮的黄经差为90°。

圆相位①。

1949 年，另一学科的一位科学家定义了"所有科学方法的最终保障"："科学方法必须经受住长期重复的检验，不止一次，而是千百次证明自身的正确。作为知识结构和方法的一部分，科学方法必须承载不断增长的负荷。最终，方法中某个脆弱的单元必然会崩溃，原形毕露。"

哥白尼的学说让托勒密的理论承载了重负，瞄准了后者脆弱的部分，将其击溃。《天文学大成》最终露出了破绽。

有一个流传甚广的传说是哥白尼学说的创立者预言了这一结果。② 爱德华·罗森（Edward Rosen）③ 专门写了一篇喝倒彩的文章，他在文中写道："但是，哥白尼体系中的金星位相又如何呢？他肯定从来没见过金星的不同位相。"在该文末尾，他以严厉的语气宣布："哥白尼对于金星的位相没有提出过任何观点。"不要紧。哥白尼可能总结过金星必然出现的表观形状，也可能没有。但不管怎么说，金星的凸圆相位是哥白尼体系的逻辑结论，同时也给托勒密的宇宙又划开了一道深深的伤口。

观测到这道伤口之后，伽利略却说了这番话："金星带来了另一个更大的难题，如果像哥白尼认定的那样，金星围绕太阳旋转，那它就会时而在太阳上方，时而位于下方，时而远离我们，时而又接近我们，远近两点的距离之差为它的轨道直径。若是如

① 类比于凸月，即星体表面超过一半是亮的。

② 实际上这个关于"哥白尼预言"的传说，是在伽利略第一次观测到内行星的位相之后才出现的。在哥白尼的裸眼观测时代，柏拉图主义者正是利用金星和水星没有类似月亮的位相这一事实，来反对托勒密主义者给这两颗行星指定的太阳下方的位置。

③ 爱德华·罗森（1906—1985），美国历史学家。

此，金星位于太阳下方且距我们最近之时，其圆盘应当比它在太阳上方时大近 40 倍……但实际上，二者之间的差别几乎察觉不到。"

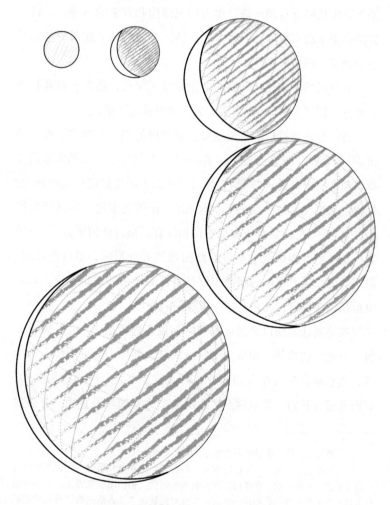

图 17　金星的位相（按比例绘制）

看了这段话，大家可能会认为哥白尼的理论又错了，认为现实情况在又一重要方面与他的几何推断不相符。然而，往后翻几页，就可以看到伽利略的这句话："但是现在在望远镜清楚地显示出，（金星的）这两个尖角和月球的一样清晰、界限分明，而且看似属于一个极大的圆的一部分，这个圆大了近40倍……"

根据现今的数据，金星视直径的变化范围是10′到64′（本章前面的具体数据已表明，金星与地球之间的距离变化很大）。由于圆的面积等于圆周率乘以半径的平方，所以我们得到金星视面积的变化范围为78.54单位①到3 216.99单位。我开心地宣布：化简之后，这个比例为1∶40.96。

我们再次看到，哥白尼尽管犯了许多错误，但他比此前任何一位天文学家都更为准确。"我在弗龙堡看到了完整的景象。"

---

① 作者以视直径10和64作为单位直径计算面积之比。

注解：第二卷

"现在，我将以整体到局部的顺序开始研究，以履行这一承诺。"哥白尼愉快地写道，他在《天球运行论》之后的部分也的确是这么做的。这部分的思想探索就如同克拉科夫（Cracow）①街道上那些低矮的墙和蜿蜒的路，作者的论述更是一等一的枯燥。库恩评论道，假如《天球运行论》写到第一卷就告终，那么哥白尼革命就不会也不应以哥白尼的名字命名。从第二卷一直到第六卷的"详细的技术性研究"才是"哥白尼的真正贡献"。不过，我注意到，库恩对《天球运行论》的概述只写到了第一卷末尾。我这篇文章也不会写得比他好多少。

第二卷　第1—2章　去中心化定义

在第二卷开头，哥白尼再次介绍了我们在《天文学大成》中已经见识过的所有天体圆圈，例如天赤道和黄道。但是他推翻了托勒密的体系，将这些圆颠倒了过来，这是由于在他的体系中，地球在运动，而且不再位于宇宙中心。第二卷第一章末尾的告诫体现了他的典型风格：

---

① 波兰第二大城市，也是波兰最古老的城市之一。

但是，这两个圆心位于地表的圆，即地平圈和子午圈，它们的位置完全由地球的运动和我们在某一特定位置的视线而决定。不管在哪里，眼睛都是天球的中心，天球中的天体在各个方向都是可见的。

另外，所有这些假设的、位于地球的圆圈都会在天宇中描绘出与自己相似的圆圈，以此作为自己的形象。

接着，他告诉我们如何制作一种测量日影的简单仪器（这也是从《天文学大成》中借鉴而来的）。我们需要一块不易弯曲的方板，边长约 2m。在板上画出四分之一圆周，圆周的圆心为方板的一角，半径为方板边长。将四分之一圆周等分为 90°，再将每度等分为 60′——所以才需要这么大的方板。在圆心安装一个精密加工过的"圆柱形指针"，"要与（方板）表面垂直，略微伸出表面——约一指宽，或者不到一指宽"。（诸位觉得这样的制作教程能让人做出多高精度的仪器？"如果我能让计算结果与真值相差不超过 10°，就足够能像毕达哥拉斯一样高兴了。"）

我们该如何使用这个新玩具呢？"接下来要在置于水平面的地板上展示子午线"，地板应当尽可能保持水平。通过如下步骤，子午线就能够被方便地"展示"出来：在地板上画一个圆圈，在圆心竖一根指针。待到晴朗之日，便可观察指针的影子。在早晨的某一时刻，影子落在圆圈上的某一点，到了下午，影子落到圆圈上的另一点。在圆圈上标记出这两个点，并平分两点之间的圆弧。连接圆心与该圆弧中点的直线便是南北方向——用哥白尼的话来说，就是子午线。

现在，我们可以把仪器平放到地板上，四分之一圆周的圆心朝向南方，并垂直于子午线①。

在夏至这一天，标记出指针落在四分之一圆周的圆弧上的位置。等到半年后的冬至日，重复上述步骤。测得两点之间的弧度为 46°54′。② 由于二分点是黄道与天赤道的交点，那么两个**至点**指示的一定是黄道**远离**天赤道的最大距离。确实如此，这两个点沿着子午线指向正北，因此它们之间的赤纬差大于其他任意两个影子标记点之间的距离。作为哥白尼时代之后的人，我们现在坚信，地球有这样一种晃动：从一个方向偏离天赤道，穿过天赤道，然后从另一方向经过天赤道，再次穿过天赤道，最后回到起点③。这是一种对称运动，因此南北回归线的纬度可以用 46°54′除以 2 得到，即 23°27′。

第二卷 第 3—14 章 表格与数学变换

哥白尼建构出了他的球面三角形，测定了角度和相对距离。此处，他列出了一张黄道度数的赤纬表和一张赤经表——实质上就是黄纬和黄经表："按定义，子午圈经过赤道的两极，因此与赤道正交。子午圈的圆弧，或者通过赤道两极的任一圆周上以这种方式所截取的圆弧称为黄道弧段的赤纬，赤道上对应的圆弧则称为赤经。"

让我们感到惊奇的是，哥白尼和他的前辈们竟然在如此有限的条件下取得了巨大的成果。例如，《天球运行论》告诉我们：

---

① 应指四分之一圆周的一边垂直于子午线。

② （原注）实际上，托勒密测得的值在 47°40′— 47°45′之间，而我们将看到，哥白尼测得的结果较小，他也因此发现了黄赤交角的变化。

③ 所谓的地球"晃动"其实应指太阳直射点在南北回归线之间的移动。

"对于任一给定的太阳高度，影子长度都可求得，反之亦然。"
"赤经与斜球经度的差别即二分日与昼夜不等长日的差别。""给定黄道上某一点的度数（该点的上升从二分点开始测量），就能得出位于中天的度数。"

《天球运行论》第二卷可以说是熟练的数学变换表演，作者的语言变得极其抽象，有时候简直像诗句："因此 EN 为代表纬圈上日出点与二分日日出点之差的地平圈弧的两倍所对的半弦。"

然后他再次总结了这些运算的实用性："因此它们的升起与落下很容易理解。"

他设法制服黄道表面上的扭动："如果我们取已知太阳角度所对应的赤经，并且对于从正午开始测量的每个等长的一小时，我们都加上 15°的'时间'……赤经的总和即为这一时刻黄道在中天的度数。"

他设法用晦涩的语言说明如何制作一个星盘，这种星盘的圆盘可以转动，上面标明了度数，还包含着托勒密宇宙模型的缩影。本书没有足够的篇幅来详细介绍该星盘的制作过程和使用方法，在此对其使用步骤简要说明如下：首先，将星盘上的黄道圆环调整至太阳在观测时刻的已知位置，然后记下月球上的读数，得到月球的黄经，"如果没有月球，就没办法得到恒星的位置，因为只有月球在白天和夜晚都能看到"。随后，将视线对准一颗给定的恒星，得到其黄经和黄纬的读数。

他向托勒密表示了感谢，感谢托勒密发明的这种仪器以及用该仪器做过的无数观测。他称托勒密为"最为卓越的数学家"，不过他也提到，他的这位前辈以春分点作为参照来确定恒星的位置，但是他（哥白尼）认为应当以恒星天球为参照来确定春分点的位置，因为春分点会随地轴进动而发生改变。埃里克·詹森对此评论道："事实上，直到今天，天文学家仍然以春分点作为赤经零点。春分点**的确**随地轴进动而变化，但恒星的坐标也会随之改变。因此，当我为了把某颗恒星的位置传达给其他天文学家而报出该恒星的坐标（赤经和赤纬）时，我还需要给出所采用的春分点位置的年份。天文学家采用的标准春分点有多个，它们之间的转化很简单，因为我们已经精确地测算出了地轴进动速度。"哥白尼时代的情况当然和现在不太一样，所以我个人并不因为他偏向于一个静止不动、永恒的坐标系而苛责他。哎！他的这类构想和地心说一样，早就过时了。

好了，第二卷到此结束。在此卷末尾，他列了一长串星座中恒星的黄经黄纬表。

曾经的信仰：圣经

在我们这个并不完美的尘世，我们可以证伪一个观点，但无法证明它永远是、绝对是错的。要证明 Y 错误，只需找到将 Y 与其主因 X 联系起来的逻辑中的谬误。但如果 Y、X、W 以及所有相关推论和最初的假设 A 都存在于一个自足的、完全一致的领域中，对它们的进一步评价就和真伪不相干了。

磁石的寓言

假设（postulate）是我们在论述之始就假定为真的观点。因此，假设不可证明，尽管我们不能排除某一假设通过复杂的逻辑链而证实或证伪另一假设的可能性。（莱布尼茨："不应忽略任何必要的前提，所有前提都应事先加以论证，或者至少被假定为假说，在这种情况下，结论属于假设性结论。"）我们的假设有可能得到我们搜集到的每一项数据的支持，但是上帝并未担保我们明天的发现仍然支持这一假设。本书用一章的篇幅来讨论"观测局限"是值得的，因为哥白尼革命的一大主题便是通过勤勉的努力拓宽人类的视野。但是，只有情绪化的人才会妄称：我们这个故事是简单直接的去伪存真的过程。举例来说，牛顿就曾假设，引力和其他力的作用是瞬时且普遍的，作用方式和作用时间都相同。以他那个年代的科学知识水平和测量仪器的精度而言，这一假设相当合理。然而，过了不到两个世纪，麦克斯韦就通过实验表明，磁石对铁的吸引力并非瞬时发生，从放置磁石到铁开始移动，两者之间存在一个可测量的时间间隔。牛顿的假设被打破了。好哇，真理替代了错误！但是麦克斯韦的"假设性结论"又能保持多长时间不被更替？谁知道呢？

上帝知道——如果你信上帝的话。

无须重新验证的假设

我们大部分人都坚信着某些假设，并且认为这些假设用不着重新验证——也就是说，这种假设不仅是"一种被假定为真且无须证明的正式陈述"（这是我以前那本微积分教科书里的话），而且"建立在无须定义的前提之上"。例如：**我会永远爱你。我的祖国永远正确。人人生而平等。我对物理现象的感官知觉要有多准确就有多准确。科学拥有不受限制地探求一切事物的权力。上帝存在。**我们给这些假设套上了保护罩，把它们当作逻辑自洽的命题。我能够以自己满意的方式驳倒其中一条假设，而不会让你对它有任何怀疑。创世论在达尔文之后仍然完好地存续着。一些德国人仍然相信**我的祖国永远正确。**他们要么否认大屠杀，要么通过另一条无须重新验证的公理来为大屠杀辩护，例如：**犹太人是我们的灾星。**

本书讨论的是科学史上的一刹那，在这一"刹那"，理性论证**从自身逻辑上**臣服于宗教信仰。这是一段漫长的时期，但终究不过是历史长河中的短短一瞬，随着时间的推移，教会对宇宙学和天文学的立场发生了改变。与此同时，预料之中的是，人们的认知也与以往不同了。1215 年，在第四次拉特朗公会议（Fourth Council of the Lateran）上，亚里士多德的学说受到了抨击。一个世纪之后，尼克尔·奥里斯姆（Nicole Oresme）① 批判了亚里士多德对于运动以及其他问题的看法。但总的来说，基督教在自身地位稳固到异教的著作无法对其构成威胁后，便发现亚里士多德的宇宙模型是一种方便的工具。它和基督教之间具有高度一致性。就连托勒密和哥白尼提到的地球像是一个点的特性，也可在《圣经》中找到类似的说法。故奥古斯丁如是说："你创造天地，一个近乎于你的天，一个近乎于空虚的地。"

不过，教会对科学逻辑的态度仍然无法预知（正是科学逻辑将亚里士多德的宇宙模型提到了首要位置）。库恩认为，"在 10 世纪前以及 16 世纪后（即哥白尼的时代之后），教会的影响总的来说是反科学的"。

托勒密和亚里士多德将科学分为三类：神学，我们希望能通过神学理解"宇宙最初运动的原动力"；数学，它存在于"所有凡人和神之中"；物理学，这门学科考察的是"白、热、甜、软等事物"。神学"无法被感知，也无法获得"（意思就是"无须重新验证"）；物理学与我们现代的去中心化理念相反，"不稳定且令人费解，所以物理学家从不期望能达成一致意见"；这样，就只剩数学能够"给予研究它的人确定无疑、能被证明的可靠知识"。

教会将自己的观念强加于这三类科学。《天球运行论》问世前几年，库萨的尼古拉（Nicholas of Cusa）在一篇名为《论隐匿

① 尼克尔·奥里斯姆（约 1320—1382），中世纪晚期的重要哲学家，做过法国国王查理五世的顾问，曾在后者的要求下将亚里士多德的部分著作译为法文。

的神》（*De Deo abscondito*）的对话录中，从基督教的角度解释了"异教徒"所指为何：

> 我等崇拜真理本身，绝对、纯粹、永恒、不可言喻的真理，而你，你这犯了过错的人，不去崇拜真理本身——真理本身便是绝对的，却崇拜真理所表现的事物。你不去崇拜绝对的统一，却崇拜数字和多样性的统一。

这貌似和所谓热、甜、软，以及不稳定且令人费解的事物差不了多少。

那时，反对**上帝存在**这一观念的人不能说出他们的异议（抱有这种异议本身就已经很危险了），而且当时（就像现在一样）**没有科学的**理由不去相信上帝存在。

要我说，过去和现在一样。《二十世纪天主教百科全书》（*Twentieth Century Encyclopedia of Catholicism*）告诉我们："无论未来的宇宙学发展到什么程度，都不会影响一个人相信或不相信《创世记》对世界开端（**理解得当**）的叙述。"这话说得没错。但是过去和现在又有所不同，所以百科全书的作者才感到有必要加上"理解得当"这样的话。

过去和现在一样，**上帝存在**是无须重新验证的一种假设。但是在过去，不存在所谓的"理解得当"。《圣经》**的字面含义即为真理**。

罗得到达琐珥时，太阳已升起

对《圣经》最为字面的解读，也能够与我们大多数人如今所理解的科学发现互相兼容。《圣经》中大概有三类天文学（或宇宙学）上的论断。第一类最为常见。这是对天体现象或者说对宇宙学的一种事实性描述，用的是当时——科学出现之前——的语言："罗得（Lot）到达琐珥（Zo'ar）时，太阳已经在大地上升起。"我们不用将其解读为太阳围绕地球旋转的意思，即便是天文学家说"太阳升起"这种话，也不会被当作傻子。和所有概念一样，"太阳升起"只是一种简便的说法。哥白尼对此也有类似的看法："我用的是平常的言谈方式，所有人都能理解。"《天球运行论》一书中也有许多这类简便说法，比如："说到地平线……世界（即宇宙）的各个部分在地平线上升起、落下。"至于罗得是在太阳升起之前还是之后到达琐珥的，这不是科学**优先**关心的问题。

第二类论断纯粹是宗教幻觉。在《圣经启示录》里，耶稣右手中七颗星的存在无法用科学、历史学或者任何知识去解释。一位基督徒，无论他是否相信圣经的字面含义，都可以从逻辑上认为，天文学和物理学的规律虽然一直很可靠，但是都会有**终结**的那一天。科学无法证明它们不会终结。科学只能在事先观察的基础上做出**预测**，然而《圣经》认为，观测这种方法并不可取。下面这段《二十世纪天主教百科全书》中的引文说的正是此意："我们不能用望远镜的观测结果来评判神学意义上的创世说，也不能利用天文学的理论来修改《创世记》……"说不定有一天地球和太阳在琐珥这个地方互换了角色呢？

最后一类是《圣经》中具有特别寓意的部分，例如约瑟梦见太阳、月亮和十一颗星星向他下拜，他父亲责备道："难道我和你母亲、你弟兄果然要来俯伏在地，向你下拜吗？"说不定太阳在琐珥升起的故事也是一个寓言，我们不能不考虑这种可能性吧？

　　尽管在我看来，这样分类很方便，但我对哪一段内容应该归入哪一类的看法很可能不同于其他读者。《圣经·约伯记》告诉我们，"晨星一同歌唱"，上帝将地球安置于地基之中，并立下基石。我倾向于将其视为上帝对约伯所提问题的一部分："我立大地根基的时候，你在哪里呢？你若有聪明，只管说吧。"这样看来，我为什么要自以为了解地球创始的一切？在这段文字中，上帝一定是在借用一个漂亮的寓言来让我们明白自己有多么无知。每当我给小孩子解释一些实用原则或者机械、科学原理的时候，也会采取这种方式：汽车需要汽油，因为它渴了，而且它只能喝汽油。如果没有汽油，它很快就会累，就不能带我们回家了。这种解释不也体现了亚里士多德的意志主义（volitionalism）吗？汽车渴了，晨星同唱。但这只是我个人的一种解释，所以可能不太高明，也许有人认为星星真的在歌唱。

　　"罗得到达琐珥时，太阳已经在大地上升起。"在我看来，这是个寓言。在马丁·路德看来，这是原原本本的事实。

　　科学文本的字面含义就是它所要表达的真理。当哥白尼在书中写地球围绕空间中离太阳很近的一点转动，他是要让我们接受这句话原原本本的意思，不增加别的含义，也不遗漏一点内容。一位天文学家对奥西安德尔的序言做了评论，并概括了哥白尼的思想："读过他（哥白尼）在《天球运行论》中写下的字句后，无可置疑的是，他相信自己的体系有可能，甚至很可能是现实的存在。"奥西安德尔否认了这一字面上的真理，但他没有说实话。

　　以上讨论可归纳如下：

假设：《圣经》中的真理可能是字面意义上的真理，也可能

是比喻意义上的真理。

假设：科学真理只能是字面意义上的真理。

推论：因此，当科学推论基于《圣经》中的证据时，该推论必须坚持以该证据的字面意义作为真理，这样做可能对，也可能错。

哥白尼学说遭遇的悲剧大部分是由最后这条推论导致的。

"受助于灵性的顿悟"

虽然教会在哥白尼的故事里扮演了恶人的角色，但我们不能因此想当然地认为圣经中的天文学也扮演了愚蠢、害人的角色。

与哥白尼同时代的一位来自米兰的学者（这位学者什么都写，从毒药写到托勒密，从以太写到尼禄，从梦写到道德，从童贞女玛利亚写到尿）定义了"一类叫做**证据**的知识，因为它源自基于原因的结果"。你我想必都会同意他的话。"然而，"这位米兰人继续说道，"在这一领域中，我很少通过技巧来理解知识，而在很多情况下是受助于灵性的顿悟。"

不证自明的真理如果不是头脑中的美丽图案，那又是什么？圣经中的天文学具有哺育思想的力量，这一点可以由如下事实表明：开普勒支持哥白尼的日心理论——这一理论是反教会的，但即便如此，他在思考太阳、恒星以及它们之间的太空这三者的相对位置时，也利用了如下灵感：圣父、圣子、圣灵。"我在之后的宇宙学研究中仍会追求这一类比。"

至于哥白尼自己呢，他以**适宜性**为根据来证明日心说的合理性（在我们这个不存在神的宇宙中，这个说法并不适用）："万物的中心是静止不动的太阳。这是因为，它在这个位置能够同时照耀万物。谁会把神庙中这盏美丽的灯放到其他地方呢？有哪个地方比此处更好呢？"接着，他赞叹道："这位最出色、最伟大的艺术家的神圣作品多么精美啊！"为何不将《天球运行论》视为一部圣经天文学著作呢？

创世两千四百载以来

重复一遍之前的推论：**当科学推论基于《圣经》中的证据时，该推论必须坚持以该证据的字面意义作为真理，这样做可能对，也可能错。**这就是为什么哥白尼时代的学者经常在自己的著作中写下这类文字："我总结了从创世至今 2454 年的历史，与浩繁的材料相比，我的总结过于简要了。"大部分当代学者估算的地球年龄约为 45 亿年，这是根据科学观测和科学理论做出的估算，刚才引用的这句话的作者，虔诚的路德会教徒马丁·开姆尼茨（Martin Chemnitz）可没有现在这样的观测条件和理论支持。但是，假如我们能向开姆尼茨介绍化石记录等现代理论，他的反应会与那些拒绝使用伽利略望远镜的高尚学者有所不同吗？他警告我们："发扬理性是与认识上帝相违背的。"

另一方面，圣经直译主义完全是源自对上帝最崇高的敬仰以及理智的谦卑（希望如此）——后者是出于对上帝的至爱，然而这一主义也对上帝的意旨做了错误阐释，发扬它同样违背我们对上帝的认识。"罗得到达琐珥时，太阳已经在大地上升起。"我们凭什么断定这句话的意思是太阳围绕地球旋转？我们凭什么确信自己理解"上帝"这个词的意思？[①]

圣经天文学的公理

有人说过，刻板的亚里士多德主义之所以存续了近两千年，"与其说是由于它的天文学学说，不如说是因为该学说逐渐融入了当下的宗教观"。事实上，圣经经文与亚里士多德学说相互补充、巩固，二者之间存在相当密切的联系。

上帝创造大地之时，明确地给予了我们对大地的支配权，并教导我们"要生养众多，遍布地面，治理这地"。上帝当然没有给予我们支配天宇的权力——情况恰恰相反。不过，上帝在天宇中安放天体也是为了我们好，是为了给我们提供指引，因为上帝是通过如下命令让天体形成的："天上要有光体，以区分昼夜、做记号、定节令。"——比如说，新月之时不可售卖谷物——"定日子、定年岁，并要发光在天空，普照在地上。"我们似乎不被允许接近天穹中的天体（看看巴别塔的建造者落得个什么下场吧），也不能以任何方式敬奉它们。它们只是上帝的仆人："你安置月亮为定节令，日头自知沉落。"这类话语巩固了如下观念：

公理 1　我们居住的地球静止于宇宙中心，其他从属的天体在预先确定的地点围绕地球旋转。

---

①　（原注）《圣经》的字面含义即为真理。因此伽利略这位热忱的反叛者是这样为哥白尼的观点做辩护的："我们认为，圣经经文与物理世界中所显示的真理完全一致。不过，就让那些不懂天文学的神学家们去抵制对经文的错误解读吧，他们可以尝试从经文中找到可能为真而且可以被证明为真的命题。"

《约伯记》提到了上帝的一些功绩："他使地震动，离其本位，地的柱子就摇撼；他吩咐日头不出来，就不出来；又封闭众星。"我把这句话理解为：只有接到上帝的命令，太阳才会升起——这再次表明太阳从属于上帝，也表明地球的位置被上帝改变了。与此类似的还有耶稣复临时对门徒的警告："太阳要变黑，月亮也不放光，众星要从天上坠落。"这里所说的"天上"听起来像是上帝规定的又一个所在。这些段落暗示着一幅宇宙图景，这幅图景很可能和我们的地理图景一样具体有形，但显然不是我们能够了解的。

但是，教会显然了解这幅图景，因为托洛桑尼神父——我们在前文引述过他对《天球运行论》的抨击，他认为这部书违背了亚里士多德的运动定律——告诉我们："假如哥白尼同意神学家的观点，即在第一层转动天球（位于恒星天球的上面一层）之上的最高天球——神学家称之为最高天（Empyrean Heaven）——是固定不动的，那么他就能说出正确的话。"

推论1　太阳是旋转天体之一。

圣经经文中有诸多段落可以作为这一推论的"证据"，但《传道书》中这句优美的话尤为显著："日头出来，日头落下，急归所出之地。"以赛亚预言，如果发出一个信号，上帝将把日晷上的影子往回拨十度。"于是前进的日影，果然在日晷上往后退了十度。"《圣经》还告诉我们，上帝"叫日头照好人，也照歹人；降雨给义人，也给不义的人"。雨的确会降落，这可以从字面含义去理解，这句话把降落的雨和升起的太阳结合起来，使得后者更贴近字面含义。

最后是《约书亚记》中著名的那段话（马丁·路德就是用这段话来反驳哥白尼的①）：

> 约书亚就祷告耶和华，在以色列人眼前说："日头啊，你要停在基遍；月亮啊，你要止在亚雅仑谷。"于是日头停留，月亮止住，直等国民向敌人报仇。这事岂不是写在雅煞珥书上吗？日头在天当中停住，不急速下落，约有一日之久。

推论2　天体预先确定的地点为球体或球壳。

耶稣基督诞生约200年后，一个叫爱任纽（Irenaeus）的神学家在《使徒教义的实证》（*Proof of the Apostolic Teaching*）中写道："大地被七重天包围，这七重天里居住着能天使与大天使。"七重天由上至下为智慧、理解、忠告等等，一直到"我们的这层天穹，其中充斥着对照亮天宇的这位神灵的恐惧"。在公元500年之前，亚略巴古的伪丢尼修（Pseudo - Dionysius the Areopagite）在其《天阶序论》（*Celestial Hierarchy*）中划分了九个天阶等级。但凡听说过柏拉图的八个天球理论的人，都会对这一模式感到熟悉。不消说，九个天阶的较高几阶——应该说是天界中的几阶"超越了所有尘世的缺陷"，因为他们非常靠近上帝。虔诚的信徒怎么可能认为越靠近上帝的地方越不完美？既然我们这些凡人如

---

① 1539年，哥白尼的著作尚未出版之时，马丁·路德便听闻了他的日心理论，并在一次晚餐谈话中做了反驳。马丁·路德说："我相信《圣经》的说法，因为约书亚命令太阳停下来，而不是地球。"

此不完美，那么天体肯定比我们更完美。托勒密和亚里士多德正是这样认为的。

公理2　天体的旋转是出于自己的意志。

《圣经》没有明确指出天体的运行动力和自我意志。但我们能够从《约伯记》中明确知晓的是，星星会歌唱——无论是真的歌唱或是个比喻，这条记载都可以支持亚里士多德关于自然界物质的运动是出于自身意志的学说。再者，如果星体没有自我意志，我们可能会被迫放弃占星学——假如这样的话，我们的皇家顾问要怎样谋划发动战争的最佳时机以及诸如此类的治国方略呢？

托勒密的如下观点与圣经天文学密切相关：

> 这一特别的数学理论最易于为通向神学做准备，因为该理论能够很好地针对那一个不变的、单独的行为，与该行为极为接近的是有关运动的转换与排列的属性，这里所说的运动属于那些运动着且被运动着的天体，我们能够感知它们，但它们是永恒的，而且没有知觉。

圣奥古斯丁利用"油会上浮至水面"这一事实来阐明亚里士多德的如下原则——"物体凭借自身重力趋向自身所属之地"。这一原则反过来又阐明了经文中的如下原则："我们的憩息便是我们的住所。爱将我们送到这住所里，你的圣灵顾念我们的卑微，把我们从死亡的门户中拯救出来。"

公理3 天上的星体比地球更完美，因为它们是永恒的，而且离上帝更近。

《哥林多前书》告诉我们："凡肉体各有不同……有天上的形体，也有地上的形体。但天上形体的荣光是一样，地上形体的荣光又是一样。"（且不论《哥林多前书》后文对日与月、星与星之间做了区分。）这段文字有助于"证明"亚里士多德的如下观点：变化和腐朽只存在于月下的尘世，而恒星、行星以及月球则由某种永恒的第五元素构成，这种元素可能是以太。

推论（完美定律） 因为天体是永恒的，且靠近上帝，所以它们的轨迹是完美的几何形状。故天体轨道为圆形。

在这个问题上，托勒密偏向了天使那一边。他告诉我们："我们相信，数学家的一个必要目标是表明天宇的所有表象皆为均匀圆周运动的产物。"他的观点得到了《所罗门智训》（11.21）的支持：你按照尺寸、数量、重量给万物排序。

公理4 上帝是真实存在的。

若真是如此，那他在哪里？

据说，基督教的上帝始创了万物，这与许多异教中的神不同，异教神中有的生于水，有的生于大地。因此，他比万物都更伟大、更崇高，他在万物之前，也在万物之后。如果我们一定要寻找他的话，那也应该在天宇中寻找。他的御座很可能立于宇宙最外层天球之外的最高天中——这就是不能反对恒星天球模型的另一个原因。

一位历史学家将基督教创立之前的宇宙描述为"一个浩瀚的共和国，其中有众神、人、动物、植物、物体，他们在那里实现各自的天性，在指定的地方休息，正如永恒的形体根据生与死的节律，在新生的物质中永恒地体现着自己"。除了把"神"（God）替换成了"众神"（gods）之外，这个早期的宗教宇宙同样具有自我意志。还有什么能比这更接近亚里士多德的观念呢？

铅　板

《圣经》的字面含义即为真理。 天主教徒和新教徒都同意这一点，但新教徒的观念更进一步，而天主教徒坚称《圣经》不仅不完整，而且"在它所包含的那些事物中，它的意义模棱两可，就像一个没有主见的人或者一块铅板"（这是一位持异见的路德会教徒所做的解释）。

换言之，不仅是圣经经文用不着重新验证，当代权威对圣经经文的自我指涉的阐释也不需要重新验证。

"我们声明、宣布并阐述：对于每个人来说，要想得到救赎，必须臣服于罗马教皇。"这句话是罗马教皇卜尼法斯八世（Boniface VIII）于1302年说的——早在马丁·路德之前。到了哥白尼那个年代，当路德领导的宗教改革运动破坏了罗马主导的基督教界的统一之后（正如后来《天球运行论》破坏了圣经中的宇宙一样），教会出于自我防卫，想必比以往更严厉地否认了"铅板"的模糊性。

第一个因信奉异教而被处以死刑的人据说是诺斯替教徒普里西利安（Priscillian）。自他以后，又有多少人因为描绘了不一样的"铅板"而殒命？

在哥白尼出生半个世纪之前，胡斯教信徒布拉格的哲罗姆（Jerome of Prague）戴着脚镣，面对审判者喊出了这句话："只要你们能证明我的信仰是错的，我就会以最谦卑、最真诚的态度放弃我的信仰。"这话在今天看来可以算是科学信念的基本论断之一了。

他得到的回答是："放火烧死他！放火！"

在条件恶劣的地牢中关了一年之后，他被烧死了。行刑的前一夜，他大胆地与佛罗伦萨红衣主教争辩，认为《圣经》本身就是很好的指引，好过神父对《圣经》的阐释。红衣主教盛怒之下转身离去。随后，他们就活活烧死了哲罗姆。

哲罗姆不是科学家，更不是天文学家。和哥白尼相比，他的言论更面向公众，因而更具威胁。假如他对神父的圣经阐释表示默许，即便他宣扬日心说这种胡说八道的理论，教会也不一定置他于死地。

《天球运行论》出版两年后，天特会议（Council of Trent）召开。

1894 年，罗腾堡（Rottenburg）主教告诉我们："天特会议起源于公元 52 年左右在耶路撒冷召开的使徒会议（Apostolic Synod）①，这一点毋庸置疑，但神学家们对于会议是由神权机构还是人权机构所创立，尚未达成一致意见。"

会议共有八个类别，其中大公会议（ecumenical councils）为最高级别。这类会议由教皇或教皇的使节组织召开，全世界的主

---

① 又称耶路撒冷会议，被天主教会和东正教会视为后来大公会议的原型，且为基督教伦理的关键部分。此次会议主要决定外邦人归化为基督教徒所应遵守的戒律。

教及主教身边的显要人物都会参加。可以想见，召开一次大公会议面临着一系列风险：危险的异教、敌对教皇①之间的冲突、对根本性改革的考量。大公会议做出的任何决议对所有天主教徒都具有法律效力，而且被视为永远正确无误。第一次大公会议于公元 325 年在尼西亚（Nicaea）召开，上文提到的天特会议是第 16 次（如果只计算无争议的会议的话）或第 19 次大公会议。

这次大会的第四轮会议（于 1546 年 2 月 8 日召开）处理了一个与圣经天文学不无关系的问题：**在重新确认所有圣经书籍的正典地位时，是否需要重新验证？**对该问题的讨论存在较大分歧，当然，不用多说，会议最终的决定当然是无须重新验证。

大会将圣杰罗姆（St. Jerome）翻译的《圣经》，即武加大（Vulgate）译本确立为唯一权威版本，因为当时通用的其他版本太多。

哈恩教区（Jaén）的红衣主教提议，只允许神父和牧师对经文发表评论，但该提议被否决了，因为经文是面向所有人的。我对这个结果感到高兴。

那么，教会的传统呢？基奥贾（Chioggia）的主教提议，教会的传统只应被视作律法，而不应被视作启示，但这一提议激起多方愤怒。"自行对经文做出阐释在当时是罪大恶极的行为……"一部泛黄的史书总结道，"因此大会提议，应当禁止对《圣经》做出与教会所宣扬的旨意、与神父们的一致观点背道而驰的阐释……"

————————

① 敌对教皇指由具争议的教皇选举而得到可以成为教皇的名誉之人。由于天主教枢机团自欧洲中世纪开始负责选举教皇，这些对立教皇通常与已被枢机团选出的人对立。一些来自小规模的教会而自称教皇的领导也可以称为对立教皇。

或者按大会决议里较为温和的话来说，就是大会"对以下内容视以同等之尊崇：旧约与新约中所有典籍……上述传统，关乎信仰与道德之传统，以及由耶稣或圣灵亲口所述并由天主教会代代相传之传统"。

考虑到可能会出现下一个哲罗姆，大会还制定了针对违抗教会之人的标准刑罚。

"太阳所走的路程远不止 7000 英里"

从我的角度来看，这些决议残暴而不公。我信仰思想自由与表达自由。天特会议这些位高权重的与会者不信这个。但我对他们也有正面评价：他们忠于自己的推论，这不仅是出于忠诚之心，也因为这是他们的科学，这些推论从逻辑上来说是正确的。这些人和我们一样能够理性地处理数量与质量问题，倘若贬低了他们这方面的能力，我们就会遗漏故事的关键部分。

公元 725 年左右，在诺森伯兰郡（Northumberland）一间潮湿的屋子里，尊者比德（Venerable Bede）[1] 提到了忠实信徒的一个可信的观点：由于在《创世记》中，上帝将日与夜等分为两部分，所以"我们应当相信，世界正是发端于昼夜平分日"。比德有不同意见，他指出，创造光的时间比创造发光体的时间早了三天[2]，而没有发光体，就不会有昼夜平分日。我们可以称比德为科学家。他做了"观测"（研读《圣经》），阐释他所感知到的事

---

[1] 又称圣比德（672—735），英国盎格鲁－撒克逊时期的编年史家及神学家，致力于圣经注解。

[2] 见《创世记》第 1 章。

物，并做出相应推断。

九个世纪之后，红衣主教罗贝托·贝拉尔米诺（Roberto Bellarmino）也展现出同样的计算和推演能力：

> 有一次我曾想知道日落在海上持续的时间，于是在日落开始时，我开始背诵《诗篇》中的《求主垂怜》一章①，刚背完两遍，太阳就完全落下去了。因此，在这短暂的时间里太阳所走的路程一定远不止 7 000 英里②。如若没有确凿的论证，谁会相信这一点呢？

确凿的论证！贝拉尔米诺的论证多有道理啊！他通过推论得出了自己的"铅板"。哥白尼死后 72 年，贝拉尔米诺对伽利略的中间人福斯卡里尼（Foscarini）③发出威胁："你也清楚，天特会议禁止对《圣经》做出任何与神父们的一致观点背道而驰的阐释……"那神父们的一致观点是什么呢？红衣主教贝拉尔米诺是这么说的："所有人都同意按字面含义阐释（《圣经》），即太阳位于天宇之中，围绕地球高速旋转……那么，请你谨慎地想一想，教会是否能容忍以一种与神父们以及所有当代注释者（包括拉丁文《圣经》和希腊文《圣经》的注释者）对立的观点来阐释《圣经》？"

不幸的是，哥白尼在《天球运行论》中恰恰做出了"对立"的阐释。

---

① 即《圣经·诗篇》第 51 章。
② 约 11 265 千米。
③ 保罗·安东尼奥·福斯卡里尼（约 1565—1616），加尔默罗会的一名神父、科学家，是哥白尼日心说的支持者。

注解：第三卷

希帕克斯发现了恒星年（定义为一颗给定恒星①旋转一周的时间）长于回归年（定义为二分点和二至点完成一周循环的时间）②，哥白尼对他给予了应有的赞许，同时哥白尼也观测到，恒星只是相对于彼此而言是固定不动的，然而它们已经整体向东偏移了相当长的一段距离，以至于黄道十二宫不再与它们各自的星座相对应（各个宫正是以原来位于该宫的星座而得名）。这就是地轴进动导致的！这样一来，占星学不就受到质疑了吗？提比略（Tiberius）③ 真是可怜，竟然妄图通过占星来探知敌人的密谋！让我们对美索不达米亚人也施以同情吧，他们竟然通过天秤座的位置来计算小麦价格，而不是通过当季的小麦产量！

哥白尼继续写道："另外，我还发现了一种不均匀运动。"有没有可能是恒星天球在做神秘的小幅振动？"白羊座前额的第一星与春分点时的距离已经超过8°的三倍了。"

"为了给这些事实找到一个缘由，"哥白尼以罕见的幽默笔调评论道，"有人构想了第 9 个天球，还有人弄出了第 10 个：他们

---

① 按照定义，这里应指太阳。恒星年之所以称为"恒星"年，指的是太阳回到恒星背景中的同一位置上所需的时间。

② 也就是从春分点到下一个春分点，或从夏至点到下一个夏至点（以此类推）的时间。

③ 提比略（前 42—37），罗马帝国第二任皇帝。

以为通过增加天球就能解释这些事实，但情况并不像他们所承诺的那样。现在，第 11 个天球已经问世了……"

在不得已的情况下，哥白尼无疑也会向这种方法屈服，加上那么一两个天球。但是，任何所谓的"不均匀运动"都不会打败尼古拉·哥白尼这位信仰的捍卫者！

《天球运行论》第三卷值得关注的地方在于，它为了合理解释地轴进动和黄赤交角变化这两种不均匀视运动而做了巧妙的尝试。这一卷还比较了地球上日与年的长度的不同计算方法，并做出结论，意在改进历法：由于地轴进动导致岁差，再加上前面所说的"不均匀运动"，以春分点作为依据的回归年长度势必会发生改变。他讨论了托勒密和其他人（包括他自己）的观测结果，希望由此算出一年究竟有多长，并从逻辑上断定"从恒星天球可以更精确地测出太阳年①的均匀长度，这是泰比特·伊本·奎拉（Thābit ibn Qurra）② 首先发现的"。泰比特计算的结果为 365 天 6 时 9 分 12 秒，哥白尼在此基础上又加了 28 秒，所以和泰比特的结果相比，哥白尼计算的结果比现今 9.5 秒的数值差得更多，但还是非常精确。

不过，第三卷最重要的一点是，它让我们注意到其中新旧观念的奇特融合：地球不再是宇宙中心，但太阳几乎成了新的宇宙中心，而这个宇宙也是个充满了正圆的有限空间。

———————

① 按照现在的定义，应指恒星年。
② 泰比特·伊本·奎拉（826—901），阿拉伯数学家，物理学家，天文学家。

第三卷　第1—3章　角宿一的移动

　　哥白尼阐述观点的方式让人很是不耐烦——这也是我要带大家尽快看完这几个章节的主要原因之一。我们现代人习惯用图表展现信息。哥白尼力图用示意图展现宇宙，但他画的示意图上面只标了一些字母，而关键的阐述部分则混乱地藏匿在各个段落中，这些段落又夹杂着费解的从句，就像给文字蒙上了灰尘。这样一来，为了理解一幅图示，我们有时候得把旁边的那段文字翻来覆去读上十几遍。也许正因如此，哥白尼才得到了一位同胞的如下称赞："他知道如何用令人赞叹的原理去解释诸多现象背后的原因。"

　　当他省略示意图的时候，他的文字往往更难读懂。

　　就拿他对角宿一的进动①的讨论为例吧。角宿一位于天赤道上②，是室女座中一颗蓝白色的恒星，占星师认为它具有"金星与水星的性质"。为了把问题讲清楚，哥白尼提到，在亚历山大大帝死后数百年间，角宿一的位置发生了怎样的改变。他给出了一堆混乱的数据，就如同把一堆苹果和橙子混在一起。他一会儿讲到角宿一距角的变化，一会儿又给出角宿一的黄经和黄纬。"在主后（即公元）1525 年，按罗马历是闰年之后的一年，同时也是亚历山大大帝死后第 1849 个埃及年，我们"——这个"我们"当然是指哥白尼自己——"在普鲁士的弗龙堡观测了前面多

---

　　①　恒星没有进动（或岁差）之说，作者大概指的是以角宿一作为参照测得的地轴进动或岁差，下一段所谓"角宿一的进动速率"也应类似此意。

　　②　事实上，角宿一并不在天赤道正上方，而是位于天赤道以南。

次提及的这颗角宿一。"与我们的主人公十年前所做的观测相比，该星的赤纬已经改变了 4′，与室女座的距离改变了 7′。这种改变几乎可以说是微不足道，所以咱们把时间间隔拉长一些：托勒密观测角宿一时，该星的赤纬仅为 0.5°，而哥白尼在 1525 年测得的数值为 8°40′。

知道了这些之后，我们该怎样计算角宿一的进动速率呢？根据常识，我的思路如下：用哥白尼测算的赤纬值减去托勒密的值，用这个值除以 1423（两次观测的时间间隔），得到 0.0057，大约为每 100 年 0.5°。我有没有理解哥白尼的意思呢？显然没有，因为**他**总结道，在托勒密那个时代，二分点和二至点以大约每 100 年 1°的速率东移，在此之后的速率则为每 71 年 1°。

哦，对了，**现在**我想到了上下文的内容，应该用第二卷中的表格将赤纬转换为黄经。"从希帕克斯到托勒密的 266 年间，狮子座的轩辕十四（Basilicus）的黄经相对夏至点移动了 $2\frac{2}{3}$ 度，将其与时间相比，得到岁差变化为每 100 年 1°。"

哥白尼的论述还是不如托勒密的清晰。

第三卷 第 3—4 章 消失的椭圆

为了解释二分点看似不规则的变动，哥白尼设想了"完全属于两极的两种往复运动，就像悬挂起来的天平一样"，其中一种运动改变极点的倾角，另一种为交叉运动。"我把这些运动称为'**天平动**'，或者说'摆动'，因为它们就像悬挂着的物体在两端之间来回的摆动一样，在中间时速度较快，而在两端速度极慢。"哥白尼将其中一种运动称为赤纬的不规则运动，另一种称为二分点的不规则运动。"这两种天平动相互作用，使得地球两极……

描绘出类似扭曲的花环形状。"

"在中间时速度较快"，这不是最让人厌恶的不均匀运动吗？——别怕！哥白尼绝不会背叛均匀运动的信念。"我们要证明：当圆 GHD 和圆 CFE 的成对运动相互作用时，可动点 H 将在同一直线 AB 上来回运动。"

在他画的第一幅示意图中，我们可以看出，尽管这两种运动不像本轮一样是由更大的运动所带动，但它们和本轮仍有类似之处：都是对不均匀视运动的圆形解决方案。

在第二幅图中，一个圆朝顺时针方向转动，圆心位于两个逆时针转动圆中最里面一个的直径上。顺时针圆对应二分点的不规则运动，速率为赤纬的不规则运动速率的两倍。看上去很有道理。

阿瑟·库斯勒（Arthur Koestler）[①] 留意到，这部分（第三卷第 4 章）的手稿中包含如下文段："如果这两个圆的直径不同，其他条件保持不变，则运动轨迹不再是一条直线，而是……用数学家的话来说，叫做椭圆。"

库斯勒指出，实际上，这种运动轨迹应称为"摆线（cycloid），其形状类似椭圆"。

"奇怪的事实是，"库斯勒继续评论道，"哥白尼根据错误的理由、利用错误的推论，碰巧得到了椭圆，这是所有行星轨道的形状。然而，他立马就放弃了这个想法，这段内容被他划掉了……"

---

① 阿瑟·库斯勒（1905—1983），匈牙利犹太裔英国作家、记者和批评家，曾出版一本关于早期天文学发展的畅销书《梦游者》（*Sleepwalker*）。

第三卷　第5—26章　偏心圆、本轮、去中心化的地球

黄赤交角由托勒密的前辈们首次测量，现在的黄赤交角比那时小。哥白尼得出，黄赤交角的完整变化周期为3434年，岁差（即二分点变动）周期恰好是这个值的一半，即1717年。

450年以后，雅各布森将指出，《天球运行论》定义的黄赤交角不够准确。不要紧。哥白尼仍坚持向前。他在表格中为我们列出逐日和逐年（埃及年）的黄经岁差，对于二分点的不规则运动，他也用同样的方法处理。

"我们需要求出主后（公元）1525年五月初一的前16天①春分点的真实位置、黄赤交角，以及它与室女座角宿一之间的角距离。"如果你想要解决这类问题，找哥白尼准没错！

他计算出地球中心的均匀旋转和平均旋转并制成表格，二者的中心都不完全在太阳上，这一事实"可以用两种方式来理解，一是通过一个偏心圆，即圆心不在太阳上的圆；二是通过一个在同心圆②上的本轮"。他在一幅图示中画出了这两种模型，同时也承认，要确定到底哪一个最能表现事实不太容易。幸运的是，两种模型都支持托勒密的观点：对于地球、太阳、月球以及已知的五颗行星而言，"它们所有的不均匀视运动"都是"由均匀圆周运动产生的"（因为这种运动最适宜于神圣的天体，它们绝不会出现不协调、紊乱的情况）。

---

① 即4月16日（罗马历）。
② 圆心位于太阳中心的圆，也就是这个本轮的均轮。

　　给哥白尼——还有托勒密和亚里士多德——说句公道话：我们应该提醒自己，太阳系行星的轨道与正圆之间的偏差并不是太大。例如，气体巨星——如木星和土星——的轨道偏心率很少会超过0.1。偏心率最高的是冥王星（0.25），还好它没有出现在哥白尼的宇宙中。不幸的是，水星和火星的轨道偏心率也不小（0.21和0.09）。不要紧，调整一下本轮，或者重新定位一下均轮，就能拯救它们的表象了。

　　好了，我们接下来可以讨论不那么尴尬的问题了：有了哥白尼的这些不规则运动表格和加减计算表格，我们现在可以计算太阳的视运动了。表格的其中一栏写道："由偏心轨道圆或第一本轮引起的增加值或减小值。"看样子，哥白尼至死都会追随托勒密。不过，他接下来就提醒我们，为什么我们应该怀着敬爱之心纪念他："**通过地球的运动**来解释太阳视运动，这与古往今来的记录是一致的，这一方法对将来的情况可能更为适用。"

安静的结局

"黯淡无光、无足轻重的人物"

"作为一个人，"阿瑟·库斯勒如是评价，"他似乎是个黯淡无光、无足轻重的人物，一位住在瓦尔米亚这个普鲁士偏远省份的怯懦教士，他最大的理想……就是希望能一个人待着，不要招来别人的嘲笑……"

雅各布·布朗劳斯基（Jacob Bronowski）① 写道："他的性格自始至终都很安静。他一直没结婚。……雇了个管家，这个管家在 1539 年之前一直被人斜眼相看。"

在他的画像中，我们有时候会看到他紧握着他那本伟大的书，在黑暗中小心翼翼地盯着我们看。他的颧骨和脸部的其他棱角被画得很突出，再加上一头黑发、两只黑眼睛，他看上去就像一个蒙古人或者印第安人。在有些画像中，他双手合十在祈祷。

"他避开所有平庸的群体，"罗伯特·斯塔威尔·鲍尔爵士（Sir Robert S. Ball）写道，"只与严肃而有学问的同伴深交，拒绝参与任何无用的谈话。"

---

① 雅各布·布朗劳斯基（1908—1974），英国数学家、历史学家。

雷蒂库斯这位年轻的数学家便是哥白尼的"严肃而有学问的同伴"之一，他对哥白尼的评价是："我的主人，同时也是我的老师，他的天文学理论可以称得上永垂不朽。"

早年岁月

他与做铜矿生意的父亲同名同姓，于 1473 年 2 月 19 日出生于河滨城市托伦（Thorn）。以上信息对我们有何用呢？我们能将这些信息与什么日食、月食、掩星之类的现象联系起来吗？我们和他那位祖籍西里西亚的高贵母亲，或者和他的其他祖上有什么关系吗？

在一幅 16 世纪的平面图中，托伦就像一颗剩下八个角的残缺的星星，不完美的一边对着维斯瓦河。从这方面来看，托伦与那个被哥白尼摧毁后的旧宇宙之间没多大区别。

一部 13 世纪的编年史告诉我们，这座城市最初是一座围绕一棵大橡树的树干而建的城堡，建造者是一位叫赫尔曼·巴尔克（Hermann Balk）的统领。维斯瓦河常常泛滥，城堡只得迁往别处。在这里，我们也可以将城堡的搬迁作为新宇宙代替旧宇宙的寓言，不过我们何必自找麻烦呢？

假如我们从他出生的那所由高墙围成的房子（其中一面由大砖头砌成的墙是与周围房屋共用的）往里看，我们会有什么发现呢？假如我们现在把他拉到面前，我们想从他那里知道些什么呢？援引布朗劳斯基的话："有疑问的时候，他喜欢保持沉默，对于自己不相信的观点，他一个字也不会说。"

他相信的是什么呢？

我们没有找到他曾被任命为牧师的任何证据，不过在他那位有权有势的叔叔的帮助之下，他 22 岁就当上了天主教会的教士。做铜矿生意的父亲帮不上儿子什么忙，因为他在阿方索星表终于得以付梓的同一年就死了，那一年哥白尼才十岁。这一细节印证了这位英雄在我心目中的印象：腼腆、孤僻。

教士的薪水有保障，一直到去世，他都过着安逸的生活。但他还要处理各种公务，例如给农民断案、收租、视察教堂农场等等。我们没法确定他有多少闲暇时间可以用来研究天文学。1625年，有学者对他做了如下评价：

> 在医学方面，他被誉为第二个阿斯克勒庇俄斯（Aesculapius）① ……对此应作如是解读：他知晓一些药方，按照这些药方备药，并乐意将药分发给穷人，因此穷人们把他当作神来崇拜。

如果斯特劳斯基所言为真，那么塔楼上的观测、刻度尺和一张张几何图示，想必只是哥白尼偶尔为之的爱好。但我们还是不了解真相。

1491 年左右，18 岁的哥白尼就读于雅盖隆大学（Jagiellonian University），开始学习法律或天文学，也有可能是学习天文学以及法律。在一面开了许多道大门的墙内，尖塔林立，高高的屋顶鳞次栉比；一架窄桥跨过河流，与更小的一座名为卡斯莫夫斯（Casmirvs）的岛屿相连，连着这座岛的许多桥就像伸开的蜘蛛腿跨越水面。这就是这个二元星座②在一幅现代平面示意图中的模

---

① 古希腊宗教和神话中的医神。
② 指克拉科夫，雅盖隆大学所在地。

样。宽广的院落内多为石头建筑，其中耸立着一座带拱门的小岛，小岛的顶端是大教堂的十字架：雅盖隆大学。哥白尼很可能正是在人生的这个节点买了——或者有人送了他——阿方索星表的第二版（威尼斯，1492 年版）。他要求把一些空白页和这本书装订在一起（通常他不会做这种事），也许是为了参照新出版的《星表公开》①（*Tabulae Resolutae*）来更新阿方索星表中的数据。

我们现在知道，他看过萨克罗博斯科（Sacrobosco）②的《天球论》（*On the Spheres*），以及波伊尔巴赫（Peurbach）③的《行星运动新论》（*New Theory of Planetary Motion*）。有人认为他上过沃伊切赫·克里帕（Wojciech Krypa）讲授的关于托勒密的课程，在这门课上，《天文学大成》肯定被奉为近乎《圣经》一样的真理。

1494 年，哥白尼像许多年轻的波兰绅士一样，开始探索波兰之外的世界。确切地说，他去了意大利博洛尼亚大学（和克拉科夫相比，博洛尼亚的建筑没有那么厚重，但围墙和院落仍随处可见），在那里学习法律和占星学，当然了，后一门学科肯定会要求学生仔细观测行星。因此，他很快就回到了真正的心灵家园：月球之上的天界（即月上界）。他的老师叫多梅尼科·马利亚·

---

① 关于此书的信息不多，参考一些书籍资料，可大概得知此书的初版成于 1424 年，此后诸多波兰天文学家扩充了这本书的内容。在克拉科夫，《星表公开》被用作大学教材。参见 Goddu；André. *Copernicus and the Aristotelian Tradition：Education*，*Reading*，*and Philosophy in Copernicus's Path to Heliocentrism*. Vol. 15. Brill，2010；Chabás，José，and Bernard Raphael Goldstein，eds. *The astronomical tables of Giovanni Bianchini*. Vol. 12. Brill，2009。

② 约翰尼斯·德·萨克罗博斯科（1195—1256），天文学家，曾在巴黎大学授课。

③ 格奥尔格·冯·波伊尔巴赫（1423—1461），奥地利天文学家。

德·诺瓦拉（Domenico Maria de Novara）。1497 年，他与这位老师
一道观测了月掩毕宿五。他发现，在这一掩星过程中，月球的视
差与托勒密的预测不一致。

　　在此期间，他学习希腊语，阅读《天文学大成》①原著。对
于他在费拉拉大学取得的博士头衔，以及在其他地方的游历，我
们该作何解读？据记载，他大概就是在这个时候开始认真思考毕
达哥拉斯的日心宇宙观，但为什么不能比这更早呢？我们看不见
他的思想，正如他看不见水星盘。不过，他有可能在游历各地期
间接触到了新柏拉图主义者的流行学说，后者宣扬的观念是：亚
里士多德的有限宇宙会限制上帝的完美。（还记得《天球运行论》
对完美的宣扬吧？我们在前文中引用过下面这段话，作为圣经天
文学的一例："万物的中心是静止不动的太阳。这是因为，它在
这个位置能够同时照耀万物。谁会把神庙中这盏美丽的灯放到其
他地方呢？有哪个地方比此处更好呢？"）虽然《天球运行论》绝
不会打破恒星天球的界限，但新柏拉图主义思想具有向外的本
性，哥白尼学说的地球去中心化可能正是受此影响。那么，我们
要像库恩一样，给哥白尼贴上新柏拉图主义者的标签吗？《天球
运行论》的编辑爱德华·罗森愤慨地回应："这种分类不可靠，
缺乏依据，忽略了哥白尼对亚里士多德主义核心思想的坚定信
仰。"好吧，好吧。毕竟又有谁真的了解哥白尼呢？

　　1500 年，他在罗马讲授数学。他在那里还做了别的什么？你
能想象出他因贪恋美色、参观古迹而虚度了多少光阴吗？在《天
球运行论》中，他提到了很久以前托勒密观测到的一次月食，并
给出了有关这次月食的数据和细节，随后他评论道："主后（公

---

① 《天文学大成》原著是用希腊文写成的。

元）1500 年 11 月 6 日午夜之后 2 小时，即月中日的前 8 个黎明，我在罗马仔细地观测了另一次月食。"看来，他在罗马依然追求着自己所热爱的天文学。

1503 年，他回到克拉科夫，给他叔叔当秘书和私人医生。我们得知，自此以后，他便"独自过活，潜心于多项工作"。

1504 年左右，他观测到五大行星、太阳、月球相合于巨蟹座，它们的位置与阿方索星表声称的并不吻合。

1506 年左右，他开始对自己的日心体系做数学计算。

1508 年到 1514 年间，他写了《短论》（*Commentariolus*），其中包含诸多异端思想，例如：

1. "并不存在一个所有天体或天球的共同中心。"

3. "所有天球都围绕太阳旋转……因此宇宙中心靠近太阳。"

6. "太阳的视运动不是由它本身的运动所导致的，而是因为地球和地球的天球在围绕太阳转动。"

说到异端思想，这里提一点：由于 16 世纪的波兰国王们受到新教顾问的影响，波兰才得以避免许多宗派杀戮（宗派杀戮在当时盛行于其他欧洲国家），波兰也因此而得到"异端天堂"（*Paradisus Hereticorum*）的称号，即"异端人士的天堂"。

吉诺波里斯的鱼日与肉日

1510 年，他移居弗龙堡，德语名为 Frauenburg，我们可以将其直译为"圣母城堡"，而哥白尼开玩笑似地将这个名字希腊化为吉诺波里斯（Gynopolis），希望获得更多安宁。我想他也的确获得了安宁。他分别在 1511 年、1522 年、1523 年观测到了三次月全食，并用粗糙的仪器测量了相关参数。三次火星冲日则分别观测于 1512 年、1518 年、1523 年。"主后（公元）1529 年 3 月月中日的前 4 日①，我们在日落 1 小时后观测到了金星的另一位置……我们在弗龙堡看到了完整的景象。"数学家 R. F. 马特拉克（R. F. Matlak）认为哥白尼解决了当时的两个球面三角学难题：三边边长已知，求三个角的大小；三个角已知，求三边边长。假如他没能过上安宁的独居生活，他怎么能够做出这些成就？

与此同时，可以肯定的是他还要抗击时疫，保证瓦尔米亚的供水。医学博士亚历山大·莱特尔（Alexander Rytel）认为他主持设计了 30 多米高的一座水塔，该水塔通过"两个棱柱形滚筒"抽水。给蓄水池蓄水的工具则是一个水桶和一根链子。但这一观点遭到了其他学者的质疑。

哥白尼也会参与官方接待的工作。"尊敬、崇高的先生们，受人敬仰的各位大人……"他写道，"（宴会）实际上已经安排妥当，万无一失，无论那天是鱼日还是肉日②。"

另外，世界上第一张正割表也是出自他手，这张表是他对雷乔蒙塔努斯（Regiomontanus）③ 著作的注释。

雅各布森认为，哥白尼"因自己拥有安逸的教会职位而感到非常幸福（虽然他在这个职位上也许默默无闻），他在该职位上享有如下声誉：一位虔诚的天主教徒、乐于助人的优秀医师、杰出的管理人员、一流的天文学家。他肯定不希望成为任何事业的

---

① 即 3 月 12 日。
② 当时，天主教的斋戒制度要求每周五戒肉，但可以吃鱼。
③ 雷乔蒙塔努斯（1436—1476），德国数学家、天文学家。

殉道者"。我不禁好奇，他的志向究竟有多高远？我想，他真心希望能解决所有天体问题，解释表象、拯救表象。我将他视为我们中的一员：一个曾在地球上生活过、不会复生的人，一个拥有远大梦想但无法实现这些梦想的人，一个迷失在超出自己理解范围的广阔宇宙中的人，一个将生命奉献给一项事业的人，在他死后，他的成就逐渐蒙上了灰尘。他的时代离我们已经很遥远，我们对这位古人的记忆只有一些零散的片段。这就是尘世中一个人的命运：我们所有的希望终将被后人新的希望所取代。

1515 年，哥白尼开始写作《天球运行论》，此时哥哥安德鲁的麻风病已发展到了晚期。他原本在 1530 年就能写完这部书，但最终的情况是，"由于我的理论难以理解，比较新奇，因此我有理由对可能遭到的蔑视感到畏惧，这种畏惧差一点让我彻底抛弃自己的著作"。

然而，他可不是库斯勒所描述的那种与世无争的老好人。追溯他的生活轨迹，我们会发现他常常和别人争论。1524 年，尊敬的海因里希·斯内伦贝格（Heinrich Snellenberg）拖欠哥白尼十马克未还，于是，哥白尼给瓦尔米亚主教写信称："因此，我发现……我在感情上得到的报答遭人憎恨，我的自满受人嘲笑。"他还恭敬地请求主教，在欠款还清之前，暂时不要发放斯内伦贝格的圣职俸禄。而且，哥白尼还擅长开玩笑讽刺研究天空几何学的同僚："作为一名伟大的天文学家，他（维尔纳①）却不知道，在做均匀运动的这些点周围……恒星的运动不可能比其他地方更均匀。"哥白尼支持匀速圆周运动，并强烈反驳托勒密的偏心匀

---

① 约翰尼斯·维尔纳（Johann Werner, 1468—1528），德国数学家、地理学家和天文学家。

速点："我们这样做岂不是给那些贬损这门技艺的人提供了把柄吗?"那么，这只猛虎为什么没能站出来捍卫日心说呢？

1516 年，一份报告提到，他对历法改革提出过建议。然而，我们还得知，在 1517 年，他决定不对历法改革提供协助，因为觉得自己对太阳和月球运动的了解还不够准确。有人认为，正是历法改革促使他详细阐述日心理论，但我觉得这一观点不太可信，因为他此前已经写了《短论》，并且在对月掩毕宿五的那次观测中对托勒密的说法给予了抨击。不管怎样，《天球运行论》确实直接或间接地涉及历法改革问题。例如，他写作第四卷的原因之一是（这部分讨论的是月球运动问题）："月属于月球，正如年属于太阳。"

1520 年，由于战争（这是我们这个世界永远少不了的一种力量）的缘故，他的住处遭到损毁。从 1521 年起，他便一直住在弗龙堡，等待着某颗恒星或者某一掩星现象的出现。

"哥白尼是个具有奉献精神的专家，"库恩写道，"对他而言，数学和天文上的细节处于首要地位，他的目光专注于天宇的数学和谐。"

施尼特（Schnitt）1532 年的世界地图已经体现了地球的自转，而自转的动力来自天使的力量——至少图上是这么画的。但在 1533 年，教皇从学者维德曼斯托（Widmanstal）那里听说了哥白尼的理论。幸运的是，这位教皇很宽容。好吧，毕竟哥白尼的宇宙是一个有限的、以恒星天球为界的宇宙，表面上仍符合亚里士多德的思想。而且，我们这位中世纪教士通过自己的数学才能可以最终让肉日和鱼日服从于历法。1535 年，哥白尼完成了高精度行星表的编制。第二年，他把自己编的历书寄到维也纳出版，不过由于某种原因，这部历书最终未能出版。

1536 年，经哥白尼未来的敌人梅兰希通（Melanchthon）① 的任命，22 岁的雷蒂库斯得到了维滕贝格②大学的一个数学教授职位。过了三年，在拜访了他的"主人和老师"之后，雷蒂库斯为《天球运行论》写了一篇概述，题名为《初述》（*Narratio Primo*）。有人告诉我，和哥白尼的《短论》相比，《初述》更好地拯救了天文表象。一些历史学家引用《初述》作为印行著作中对日心说的首次阐述。

在评论《没人看的那本书》（*The Book Nobody Read*）时（诸位想必能猜到它指的是哪本书），一位历史学家说："生活的变故让雷蒂库斯成为了一个反叛者"——之所以这样说，是因为雷蒂库斯的父亲因犯诈骗罪而被砍了脑袋，而雷蒂库斯本人又是新教徒，还有可能是同性恋——"另外，与当时根深蒂固的信念截然相反的日心宇宙论肯定点燃了他的想象力。"不过，在那个年代，一个人得有多叛逆，才会涉足一本没人读的书？

"今后谁也不会有恰当的借口怀疑我居心不良"

这就是问题所在，对吧？提出《天球运行论》的前提条件是否需要胆魄（不久后，这一前提条件③将被称为"哥白尼主义"）？这位吉诺波里斯的隐士到底有多大的颠覆性？

1524 年，他写信给一名克拉科夫的教士——这名教士同时也

---

① 指菲利普·梅兰希通（1497—1560），德国宗教改革家、神学家、教育家。

② 即现在的哈雷－维滕贝格大学（Martin Luther University of Halle – Wittenberg），位于德国萨克森－安哈尔特州。

③ 即"日心说"。

是波兰国王的秘书，信中建议道："挑毛病这种行为作用甚微，益处也不大……因此，如果我责备别人，而我自己做出的东西也好不到哪儿去，恐怕我就会让别人生气。"但我们可别把他说的这种"清静无为"的态度当真，因为说完这段话之后，他立马就开始攻击维尔纳这个所谓的"伟大的天文学家"。

1532 年，讨人厌的约翰尼斯·丹提斯克斯（Johannes Dantiscus）当上了切姆诺（Chelmno）① 主教，他邀请哥白尼参加他的就职仪式。哥白尼在回信中称，他"因有事要忙"，不能出席。"哥白尼的拒绝是需要勇气的。"一位崇拜哥白尼的评论家如是说。很有可能是这样，因为丹提斯克斯也许有一天会成为哥白尼的直接上级——瓦尔米亚主教。

当然，万不得已之时，哥白尼也会向权贵折腰。他之前的管家不顾他的建议，与丈夫分开，可能是因为她丈夫性无能（我们暂且相信这位评论家的说法，虽然信中的说法完全不同）。1531年，这位管家同她的新雇主寄居于哥白尼在弗龙堡的家中，至于这位新雇主是否是一位虔敬的女士，我们不得而知。不过，哥白尼可是与两个女人同处一个屋檐下，而且其中一个还是谣言攻击的对象！难怪可怜的哥白尼收到了主教简短无礼的回信。

"但是，由于我认识到大家对我的负面意见由此而来，"哥白尼在回信中写道，"我将合理安排自己的事务，这样一来，今后谁也不会有恰当的借口怀疑我居心不良，更不会怀疑尊敬的大人您对我劝诫不周。"

1538 年，哥白尼被迫要解雇新管家，并让一位女性亲戚接替这一职位，意在避免招人闲话。哥白尼请求再给他一些时间，但

---

① 切姆诺，波兰北部城市，靠近维斯瓦河。

被回绝了。于是哥白尼做了如下回复："尊敬的大人，您对我的训诫有如慈父般的教诲，甚至与之相比有过之而无不及，我对此表示认可，并感念在心。"随后他便在规定时间内解雇了管家。

他在《天球运行论》中添加的一些表示顺从的谨慎语句与上面的引文如出一辙："至于其他行星，我将试图——这有赖于上帝的帮助，否则我将一事无成——对这些问题进行更细致的研究……"当然了，哥白尼写下这种句子不仅是出于谨慎。这种宗教情感的吐露是当时流行的做法，而且极有可能是作者真实的信念——哥白尼难道不是天主教会的显要人物吗？

终 曲

1541 年，哥白尼仍忙于世俗的追求，因为在这一年，他前去给阿尔布雷希特公爵（Duke Albrecht）的一位朝臣看病。两年后他就去见上帝了，临死前手里握着一本刚出版的《天球运行论》。生命为何物？太阳转上几度，便会进入黑夜。

说到哥白尼的遗产，这里再引述一句库斯勒的评语："许多书籍创造了历史，哥白尼的这本书便是其中最枯燥、最难读的书之一。"

注解：第四卷

哥白尼在第四卷开篇写道："在上一卷中，我尽自己所能解释了地球绕日运动所引起的现象……"这一卷的研究对象是月球。"尤其是通过昼夜可见的月球，星体的位置才得以确定和验证。"此外，"在所有星体中，只有月球的运转与地球中心有直接联系，尽管月球的运转极其不规则。"正是这一事实让古人更加坚信地球位于万物中心。

哥白尼的理论自此开始变得复杂起来，因为月球的视运动很复杂。"因为月球每小时都在发生变化，不会保持原样。"

第四卷　第2—4章："我认为月球视运动是一致的"

他通过计算托勒密和自己的月食观测数据，确定了月球的运动："显然，在第一次和第二次月食期间，月球移动的距离与太阳的视运动移动的距离是相等的（不算整圈），即161°55′，第二次和第三次月食之间为138°55′。"在这间隔的将近1 389个埃及年里，根据托勒密的数据，月球远离太阳的位移减少了26′，不规则位移则减少了38′。哥白尼自豪地宣告，他自己的计算结果与视运动一致①。

月球轨道平面与黄道平面存在一个怪异的倾斜角度（现今测算的角度大小为 5°8′43″）。哥白尼将月球的不规则视运动部分归咎于此——因为他的理论并不要求所有圆周轨道都位于同一平面。没错，哥白尼允许所有行星均轮与本轮所在平面倾斜于地球轨道平面，这一点此前也提到过。因此，月亮②"平分黄道，同时也被黄道所平分，月球可以从这条交线任意进入两种纬度"。

因此，月球"倾斜着围绕地球中心均匀地转动，每天移动约 3′，转一圈需 19 年"。也就是说，每过 18 年又 223 天，某一特定月相便会重复出现，**并且**月球会回到相对于黄道的起始位置。哥白尼的前辈们是怎样得到这个结果的呢？其实，是天宇中的戏剧性现象引起了他们的注意：这就是相同月食形状重复出现的时间间隔。

还有一个观测现象可以佐证哥白尼的逻辑：月球离我们越近，看上去就运动得越快。"古人用本轮来理解这种速率变化。当月球沿本轮上半圆运动时，其速率小于均匀运动速率，而在下半圆运动时，其速率大于均匀运动速率。"

哥白尼还画了一幅示意图来展现所谓的"古人"（这个称呼让我想起了克劳迪乌斯·托勒密）的思路。"但如果是这样，我们对如下公理该作何回应呢：**天体的运动是均匀的，只不过看起来似乎是不均匀的罢了。**假如本轮的均匀视运动实际上并不均匀呢？"哥白尼无法接受的其实是可恶的偏心匀速点（读者可能已

————

① 作者此处引述了《天球运行论》第 6 章最后一句话，但对其做了曲解。事实上，根据英译本，哥白尼说的是这两个数据（26′和 38′）与一开始列出的数据一致。

② 应为月球圆周轨道。

经猜到了），哥白尼在此隐晦地将其描述为"某个另外的点，地球位于该点与偏心圆中点之间"。

他对月球视运动的不均匀性的解决办法忠实于首要原则：月球每个月绕一个本轮转两圈，该本轮则在另一个更大的本轮上运行，在相同的时间间隔内，这个大本轮"相对于太阳的平均位置运动一周"。小本轮半径为 474 个单位，而这个圆的圆心扫出一个半径为 1097 单位的圆，这都是通过几何"加减"得到的结果。"我认为月球视运动与这种情况一致。"

果真如此吗？当代的天文学家是这样认为的："月球围绕地球转动的轨道是一个近似的椭圆。"没错，月球的平均偏心率可不算小：0.0549。地月距离的最大值与最小值之间相差达 42 600 千米。

第四卷　第 4—32 章：距离、直径、体积

他讲述了如何利用自己编制的星表来计算太阳和月球的视差——诸位可得感谢我在本书中略过这一连串让人痛苦的几何与算数运算。他还教我们怎样计算未来出现的日食或月食的大小：在日月相合时，测得黄纬值，用太阳或月球直径的一半减去该黄纬值，乘以 12，再除以太阳或月球的直径，这时，"我们得到的结果就是日/月食大小的 $\frac{1}{12}$。"他还给出了计算未来任一日/月食持续时间的公式。

在讨论了月球的不同视差并指出托勒密的方法有何不妥之后，哥白尼宣布："由此显然可知月球与地球之间的距离。如果不知道地月距离，我们便无法得到视差的确切比例，因为二者是

相关的。"他得到的地月距离数值为地球半径的 56 倍加上42′——也就是 56.7 倍。我们现今的数值为地球赤道半径的 60.27倍，该数值与希帕克斯比哥白尼早 7 个世纪[①]得到的值之间仅仅"相差几个百分点"。所以，哥白尼计算的地月距离尽管还算准确，但和古人测算的数值相比并没有进步。事实上，哥白尼的数值还不如托勒密的准确，后者得到的平均地月距离为 59 倍地球半径。

哥白尼还得出了月球直径："通过比较掩食大小之差与月球黄纬，可以得知月球直径在绕地心的圆周上所对的弧段大小。得出弧段大小后，阴影的半径便可算出。"哥白尼得到的月球直径数值为 31′20″，"与托勒密的结论一致"。这与我们现今的数值31′52″（平均视直径）非常接近。在我们这个去中心化的时代，一位不那么疯狂的哥白尼支持者、天文学专家赞扬了哥白尼，称他"改进"了托勒密的月球近地点角直径数值，把托勒密接近 1°的值修正到 37′34″，现今的数值为 33′32″。

说到这个完美的亚里士多德圆盘的直径，我们最好还是重复一遍：月球和我们这个可怜又悲哀的地球一样，并非完美的球体，月球其中一根轴线比另一根长 3 千米左右[②]，这个差距足以让月球永远保持同一面朝向地球。这要是让哥白尼知道了，他可能会心碎的。

通过类似的方法，他还得到了太阳在远地点时的日地距离：地球半径的 1179 倍。他在这个数据上的表现不好，实际数值应为

---

① 希帕克斯生活在公元前 2 世纪—公元前 1 世纪，实际上比哥白尼早了 16个世纪。

② 实际上，月球两极直径为 3471.94 千米，赤道直径为 3476.28 千米，故大小直径之差可达 4 千米以上。

23 455。

　　他通过计算得出，太阳的体积比地球大 $161\frac{7}{8}$ 倍，而地球的体积比月球大 $42\frac{7}{8}$ 倍。"因此，太阳比月球大 $6999\frac{62}{63}$ 倍。"①

　　他计算的地月体积比例和我们现在的数值——50∶1——相差不远。但是他严重低估了太阳的体积，实际上，太阳的体积比地球大 1 306 000 倍，比月球大 653 000 00 倍。因此在得到的日月体积比例上，他的实际数值偏离了超过 9000 倍。

———————

　　① 这个数据有误，《天球运行论》中译本写的是 6937，但用前面两个数相乘，其结果实际约为 6940.4。

赫拉克勒斯之柱

但丁这位描述圣经天文学的杰出诗人将地球置于它应处的位置，即宇宙中心。在我们地球家园的内部，罪人被关在一个个同心的球壳内，越向内层，所受的折磨越大。在第八层地狱，即第二恐怖的地狱，但丁列出十类骗子。在欺骗程度排名第八的这类骗子中，我们看到，尤利西斯和他的伙伴狄奥墨得斯在火焰中受着永久的折磨。他们犯了什么罪呢？他们越过了赫拉克勒斯之柱①，那可是世界的边界！尤利西斯劝告他的水手"不要否定经验"，"你们并非天生要做野蛮人，而是要追随美德与知识"。因此他成了一个虚伪的顾问。他们向前瞥见了一座禁山（炼狱），一场暴风雨从那边降临，淹没了他们。"正如人所愿，"一位评论家写道，"在这个部分（如果非要挑出一个部分的话），但丁的想象力击打着时代的界限、信仰的界限。"

（各位支持美好旧宇宙的朋友，我要说一件让你们放心的事：但丁用三个天使的宝座与他宇宙中的三种运动相匹配，这三种运动即本轮运动、太阳和其他天体的运动，以及进动。）

---

① 这个神话中的石柱代表了大力神赫拉克勒斯去往"极西"时所到达的最远的地方。古代大多数作者都认为该石柱位于直布罗陀海峡的岬角，该石柱就代表了古代世界的最外缘，也就是古代知识的极限。

"我并不怀疑会有一些学者大动肝火"

那么，哥白尼呢？他是否意识到《天球运行论》把人类带到了赫拉克勒斯之柱？

在《波兰文学史》（*History of Polish Literature*）一书中，米沃什（Mliosz）① 认为哥白尼"并不急于出版自己的著作，因为他害怕招惹闲言碎语"。

不过，当他的作品最终问世时，是奥西安德尔以贬损的语气写的序言——而不是哥白尼写的什么文字——读起来像是在为这部著作辩护：

> 这部著作中的新假说——地球运动，而太阳静止于宇宙的中心——已经广为人知，因此我并不怀疑会有一些学者为之大动肝火……但是，如果这些人愿意认真进行考察之后再下结论，他们就会发现，这本书的作者并没有做什么应受谴责的事情。

哥白尼坚持采用他的习惯性策略：假装他的新奇观点早在古代就被认可了。事实也确实如此。还记得天特会议的决定吗？"应当禁止对《圣经》做出与教会所宣扬的旨意、与神父们的一致观点背道而驰的阐释……"如果我们的天主教传统被证实与毕达哥拉斯式的幻想相一致，岂不是好极了？是吧，为什么不呢？

---

① 切斯瓦夫·米沃什（1911—2004），生于立陶宛，波兰著名的诗人、翻译家、散文家和外交官，曾在 1980 年获诺贝尔文学奖。

哥白尼仍然是安全的，这不仅因为他住在沉闷的吉诺波里斯，更因为教会尚未明确反对日心说。事实上，有不少主教都支持这一学说！关于这一点，我们知道在《天球运行论》印行前十年，教皇克莱门特七世（Clement VII）不但没有阻止他的秘书约翰·阿尔布雷希特·冯·维德曼司特顿（Johann Albrecht von Widman-stetter）在梵蒂冈花园讲授哥白尼的学说，后来甚至还赏了他一部希腊文手稿。

"17 世纪的第二个十年里，"库恩写道，"天主教会赋予圣经证据更大的权重，同时给予猜测性异议的自由空间比此前数个世纪要小。"幸好我们还在 16 世纪中叶！而且哥白尼在书中给教皇写了献词，从而保护了自己。新教徒为了更好地排斥天主教的威权，必须坚持圣经直译主义（地球静止不动，因为《圣经》就是这么说的）。如果新教徒对哥白尼的攻击反而让哥白尼更受天主教派欢迎，我也不会感到意外。

"就天主教会而言，"桑蒂利亚纳（Santillana）① 告诉我们，"他们尊重作为教士和学者的哥白尼，但他们认为他的体系不过是一种自创的数学方法，而并不表明具体的现实。当时的人们把数学视为技术员和**行家里手**的工具，并不认为数学与哲学有何关联……"

简言之，哥白尼在独特的大气条件下完成了他的人生航程。波兰的天空雾蒙蒙的，即便是教会中眼尖的观星者，也无法在这空虚又黑暗的夜空中，看清远方那黑暗又空虚的赫拉克勒斯之柱的轮廓。哥白尼正是从那里来，也许这并非出于他自己的意愿，他默默无闻、安安稳稳地航行着，一直驶到观测边界之外……

---

① 乔治·迪亚兹·德·桑蒂利亚纳（1902—1974），意大利裔美国哲学家和科学史学家，麻省理工学院的科学史教授，出生于罗马。

第八层天①

那么我们是不是可以说，哥白尼之所以在床上病逝而没被烧死在火刑柱上，是因为他幸运地成为了一名行家里手？他"并不急于出版自己的著作，因为他害怕招惹闲言碎语"，但他实际上会有什么危险呢？我们不是已经说过，他的著作晦涩难懂，对他而言正是一种保护吗？

克莱门特教皇参加过在梵蒂冈花园举行的哥白尼学说讲座，这是事实，但克莱门特教皇死了。类似的情况是，哥白尼将《天球运行论》一书题献给教皇保罗三世，但据我们所知，保罗从未对这本书给予肯定。在这个问题上，人们有时会提到红衣主教舍恩贝格（Schönberg），他是保罗教皇的副手。但是，他的信件如今只有一封留存下来，这是一封彬彬有礼的信函，内容是请求哥白尼将尚未完成的《天球运行论》手稿借来一阅。十个月之后，也就是 1534 年 9 月，舍恩贝格就去世了，因此他不太可能有时间完成下面这一系列事情：收到哥白尼寄来的手稿，读过后再给教皇看，然后把教皇对手稿完全认可这个出乎意料的好消息转告给哥白尼。

其实，哥白尼的情况还是挺危险的。大家还记得乔瓦尼·马利亚·托洛桑尼神父吗？就是那位多明我会修士，我们在前文引用过几次他对哥白尼的反驳之辞：《天球运行论》违背了亚里士多德的运动定律，把太阳置于不恰当的位置，忽视了**最高天**！不

---

① 第八层天指恒星天球，传统天文学认为七颗行星分别位于其自身的天球上，这些天球都在第八层天即恒星天球之下。

过，托洛桑尼肯定没好好看过《天球运行论》。他可能被奥西安德尔的序言误导了，他是这样评价日心说的："除了哥白尼，目前没有谁接受这个理论。依我的判断，他自己也不把这一观念当作真理。"（《天球运行论》第一卷第 5 章："**情况确实如此。**"）如果哥白尼不相信地球在运动，那让他安安静静地写点傻话有何不可呢？

可是，托洛桑尼神父接着用更具威胁的口气说，哥白尼"无权埋怨在罗马和他争论并严厉谴责他的人"。

谴责！这是什么意思？我们知道，哥白尼自青年时就离开了罗马，那时他正在观测日月食等天文现象，尚未开始写《天球运行论》和《短论》。罗森认为（感谢他讲述的下面这个故事），托洛桑尼神父指的一定是哥白尼的捍卫者、同为瓦尔米亚教士的亚历山大·斯考泰特斯（Alexander Scultetus），他于哥白尼逝世三年后，也就是 1546 年到达罗马（托洛桑尼将在 1549 年离世），并在那里出版了一本书。这本书对哥白尼的学说持赞许态度。

我们得知，托洛桑尼与教皇来往相当密切，因为他和比萨的巴尔托洛梅奥·斯皮纳（Bartolomeo Spina of Pisa）有私交，而后者是圣使徒宫（The Sacred and Apostolic Palace）主管。

记住这些细节后，咱们再来看看托洛桑尼神父在哥白尼学说辩论方面所做的贡献。下面这段引文出自《论圣经的真理》（*On the Truth of Holy Scripture*），文中的书指的就是《天球运行论》：

圣使徒宫主管曾计划将他的书列为禁书。但是，由于主管先是疾病缠身，而后去世，所以没能开展这一计划。后来，我认真履行了此事……为的是保卫真理，捍卫神圣教会的共同利益。

　　所以说，哥白尼不仅是个幸运儿，而且还很**精明**，在著作出版之后随即病逝。他们想毁灭他，但是太晚了，他已经远去，到了赫拉克勒斯之柱的另一侧。

赫歇尔的宇宙隐隐显现

　　教会知道了这一点。但我们还是要再问一遍：**他**知道自己航行到了多远的地方吗？

　　赫伯特·乔治·韦尔斯（H. G. Wells）的科幻小说对迷失在广阔自然环境中的人类有着经典的描述。他对《天球运行论》做过如下简要介绍："地球曾经是生命的中心，包裹在透明天球中的太阳、月球、行星、恒星都以它为中心，围绕它转动。直到15世纪（原文如此）人类的观念才发生改变，哥白尼做出了惊奇的猜想：位于中心的是太阳，而非地球。"

　　尽管哥白尼做出了"惊奇的猜想"（没错，的确惊奇，但不能说是猜想），但他和亚里士多德、托勒密、托洛桑尼神父一样，无法摒弃小宇宙的观念。他摧毁了旧宇宙，却还是没法想象这个新宇宙的广阔。

　　我也许是把现代宇宙观念强加给他了。我们来看看第六卷开篇第一句话："我已尽最大的努力表明，假设地球是转动的会对游星在黄经上的视运动造成何等影响，以及这一假设会使所有这些现象遵循何种确切且必要的次序。"哥白尼骄傲、正当地回溯地心说，将其作为日心说的对照。而我这个受到开普勒和牛顿的学说影响的人则向前展望引力理论，该理论使得地球的运动无足轻重，只不过是游星的**真实**运动的缘由。哥白尼竟然说"所有这些现象"！不过，我们如今的观测边界已经扩展到黑暗太空的深处，比那时的边界远太多了。许多星系间的现象永远保持不变，不受地球旋转的影响。我的看法是，可怜的哥白尼做了错误的判断，他头脑中思考的是行星的逆行。不过，他的确说的是"所有这些现象"。他可能觉得自己航行到了足够远的地方，能看到所有的风景了吧，他的所见皆限于已知"世界"内。

他一再提到"相对于恒星天球的恰当的周年运动"。如果恒星天球不存在呢？"心中就不禁战栗。"

在讨论金星和水星时，他接受了前辈们的主张。前辈们认为有必要用某种物质去填补行星间的虚空，"为了不让如此广阔的一片空间空空如也，他们认为，近地点与远地点之间的间隔（他们以此计算天球厚度）加起来"与荒芜之地的距离①总和相等。他冷淡地评论道："我们不知道这一广阔的空间除了空气和他们称之为火元素的东西之外，还包含着什么。"他还针对这一点抨击托勒密的理论：本轮和偏心匀速圆需要大到无法想象才能拯救表象！因此才有前文引述过的那一声呼喊："那么他们觉得这个巨大空间里，还包含着什么呢？"（尼采大约在 1886 年说过："自哥白尼以来，人类就从中心位置沦落成了未知数 X。"）

是的，哥白尼航行到了他的观测边界之外，然而他不敢目睹眼前的现实：赫拉克勒斯之柱以外的禁地仍是浩瀚无垠的宇宙。

---

① 所谓"荒芜之地的距离"（waste distances）在原文中是指拱点距离（用来计算各个天球的厚度），见《天球运行论》第一卷第 10 章第 4 段。

注解：第五卷

"现在，我来讨论五颗游星的运动。"哥白尼接着写道。我们知道他钟爱匀速圆周运动，因此他将第五卷第 1 章的标题定为"行星的运行和平均位移"，也就不足为奇。

他将天体的旋转恰当地细分为两类，一类"适用于每颗行星"，另一类包括视觉上的停留、逆行、顺行，这类运动出现在地球观测者的参考系中，正如哥白尼解释的那样，是"由地球运动产生的视差引起的，视差大小与行星的轨道圆大小相关"。

第五卷　第1—5章：火星的轨道圆

我们首先来考虑逆行，以火星为例。这颗红色行星（在哥白尼眼里只是一颗黄色的星星）差不多每年出现两次下面的情形：在夜空中，它看上去向后退了一段距离，然后重新按原来的方向运动，高度比原来稍低。因此，它的轨迹如同 S 曲线，曲线首尾无限向外拉伸。怎样解释这个现象呢？托勒密真是可怜，他坚持简洁但错误的地心说，耗费精力对一个偏心圆做数学运算，该偏心圆的圆心围绕被错误定义的黄道中心向东转动，转速等于太阳绕地球旋转的速率（太阳绕地球旋转也是托勒密的误解），火星在这个偏心圆上向西转动，"转速等于近日点移动的速度，如果从我们的眼睛到偏心圆……画一条线段……线段长度的一半与我们眼睛所见的较小的那部分之比，等于偏心圆速率与该星体速率之比"，那么该星体——也就是火星——有时候就会出现逆行！

那哥白尼呢？他坚定地继续从去中心化的地球这一角度来向我们展现太阳系，这一视角使得行星的逆行成了一种意外、随意的运动，正如哥白尼人生的一个个站点——帕多瓦、费拉拉、利兹巴克、奥尔什丁、弗龙堡。他特别提醒我们，从前的几何学家们认为行星的逆行只是由于行星相对于太阳的运动所导致的——实际上是由"地球的大圆周轨道引起的视差"所导致的。（现代的说法是，火星的公转速度比地球慢，并且与黄道平面有少许倾角）。哥白尼得意地宣布（加粗部分是他自己标的，我省略了几何证明）："我认为，**当该行星位于 F 点时，它看起来将会静止不动，无论我们在 F 点的任一边取多短的弧段，我们都将发现它在远地点方向是顺行的，而在近地点方向是逆行的。**"

哥白尼无须从零开始构建自己的行星运动新理论，因为托勒密的几何计算（其目的是为了与观测相符）已经表现了正确的数学关系。《天文学大成》的译者在一条长长的脚注中写道，这一行星逆行理论"几乎等同于一种转换定理，该定理将地外行星理论从托勒密式理论转换为哥白尼式理论。（托勒密体系中的）偏心圆圆心运动的圆周轨道半径与偏心圆半径之比等于（哥白尼）本轮理论中本轮半径与均轮半径之比"。简言之，托勒密的偏心圆圆心对应的就是哥白尼的平太阳位置（这从直觉上来说应当是合理的）。

所以说，《天球运行论》让我们对火星轨道的真实状况有了更进一步了解。那么，火星在哪里？在此前对金星轨道的讨论中，我们从更广义的角度问过类似问题：金星天球的顺序应排在

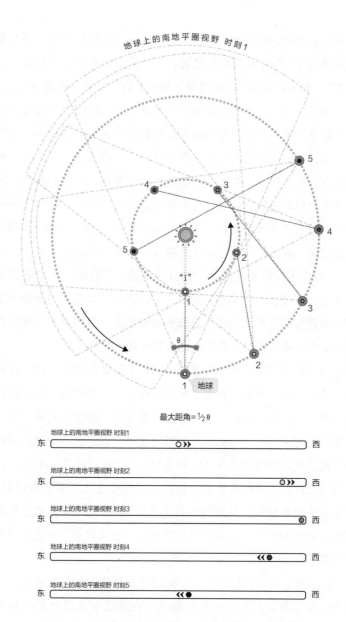

图 18　地内行星 I 的视逆行（简化版哥白尼视角）

　　每过一个时间间隔，便将上图转动一次，想象与时刻 1 相同的地平圈视野，地球位于底部的中心。

　　I 投射在地平圈上（假设我们能看到它）的视位置、运动方向、速率：

　　在这幅概况图中，地内行星的相对速率经过放大，视运动也经过了简化。实际的现象当然更为复杂。想一下从地球上观测的金星视运动轨道：在围绕地球的两条视运动环形轨道上（轨道上的三个基准点完全不同），金星出现一次逆行。

　　假设地球和 I 逆时针做匀速圆周运动，并且 I 的速率大于地球，如果 I 和地球在时刻 1 下合，我们会看到 I 位于地平圈中部。此后，它将向西运行，渐行渐远。哥白尼注意到，它的西向运动速率较慢，因为两颗行星同向运动，所以 I 的可见运动有一部分被地球运动抵消了。

　　在时刻 3，I 将运动到地平圈上最西边，靠近最大距角处。

　　在时刻 4 和 5，I 到达太阳的另一侧。从我们的角度来看，它正向东运动。由于地球仍以之前的方向（西）运动，因此 I 穿越地平圈的视运动速率增加了。

哪一位？回答了这个问题之后，我们就能确定每颗行星在任意时刻的位置坐标。

　　第一步是确定行星的周期。

　　哥白尼说，只有在与太阳相冲时，"土星、木星、火星的真实位置才对我们可见"，这个说法是对的。而与太阳相冲发生在"它们逆行的中间位置，因为此时它们落在太阳平均位置与地球的连线上，视差可以忽略"，这完全符合逻辑（他之前告诉过我们，地内行星在这个时候是看不到的，因此他取地内行星的东西最大距角，然后求平均值）。

　　对于土星、木星、火星，他将三次"现代观测"——也就是他自己的观测——与三次古代观测相比较，从而确定每颗行星以太阳和某一恒星之间的某一位置为起点旋转一周所用的时间。他把这一运动称为"一次视差转动"。利用所得数据计算出的行星距离比前人的数据更准确。用他的话来说："在此略过那些浩繁、复杂、枯燥的计算过程。"

经过仔细思考后，我对这些计算的评价如下：

一篇关于天文学的现代阐释（写作时间距今仅半个世纪）是这样说的："标准步骤如下，包括研究太阳系中某个天体的运动，构建基于引力理论的星历，并将星历与观测结果进行比较。"

哥白尼有自己的星历，这是托勒密、希帕克斯以及其他前辈通过无私的工作为他准备的。不过，请再次注意：直到哥白尼的时代结束，引力理论都还未出现，而这一理论的作用是让行星做"以太阳为中心的运动，该运动取决于轨道参数和行星质量"。请记住，在缺乏牛顿力学的条件下（今天的我们认为这是必要的工具），这位独居的教士在弗龙堡的那座塔楼里耐心地计算着行星的轨道和位置。因此，他画的几何图形就像波兰教堂中殿里雕刻的蛛网星花般的线条一样精细，而且他还没有完成这一工作。

"这是个复杂的问题，"20 世纪的天文学家接着说道，"因为观测地点是地球表面的一个天文台。因此，在这一问题中，以地球为中心的星历的计算引入了地球绕太阳的轨道运动……必须考虑到由地心围绕地月体系的质心运动而产生的**月行差**。这个轨道是月球绕地球转动的缩影。"再提醒一次，哥白尼永远无法有机会考虑月行差，因为他缺少能够表明月行差的存在及其重要性的引力理论。

在如此困难的条件下，哥白尼还能较为精确地计算出行星的均轮半径（实际上是椭圆轨道的平均半径），真是了不起。他计算的水星和土星（分别位于当时已知行星的最内侧和最外侧）的均轮半径误差略大于3%，而就金星、火星、木星而言，他的误差则不大于0.55%。

"还要考虑到观测者绕地轴的转动，为此，可以给观测位置加上一个地心视差修正量。这样一来，观测位置就变为了地心位置。为完成这一修正，需引入太阳视差。若已知所观测天体的距离（以天文单位表示），修正即可完成。"

哥白尼能做到这一点，但这只不过是因为他用自己的方式计算出了"天文单位距离"：围绕错误的点运转的形状错误的轨道，而这一切都是由亚里士多德对运动的错误理解所推动的！因此，天文学家兹德内克·科帕尔（Zdeněk Kopal）对他的评价是：辛勤耕耘，但"成果不多"。

"我把托勒密对火星的这三次观测与我仔细开展的三次观测进行了比较。"他在书中某处说道。在另一处，他计算出角LEM的大小为47°50'，"由此可以明显看到该行星从第一次到第二次与太阳相冲期间的运动，所得数字也符合经验。"简单来说，他确定了两次行星与太阳相冲的时间间隔（以年为单位），将时间转化为一个圆周的度数（这是他惯常的做法），并以恒星天球为背景标出每颗行星的位置。接着他开始画圆。"AB为已知弧，AEB为未知弧，两弧相对……"然后他很快就确定了每颗行星的平均视差位移。

《天球运行论》借助希帕克斯和托勒密的观测数据告知读者，在略长于79个太阳年的时间里，火星出现了37次"视差运转"，意思是火星在此期间内被地球超过了37次，"该行星本身运转了42个周期又2°24' 56'"。哥白尼由这个数据推出火星的一次视差运转时间为779天（他一如既往忽略了细节，但我料想他是用79

除以 37，再乘以 365）。

　　我们现今计算的火星轨道周期为 1.88 年，即 686 天。用哥白尼给出的值计算得到的结果也是 1.88 年（79÷42），这证实了我对古代观星者以及对哥白尼的敬仰是有根有据的。托勒密也能通过这样简单的计算得到同样的结果——假如他以日心说为基本前提的话。

　　利用这个数值对火星视差运转时间所做的另一计算可以进一步证实刚刚得到的结果：在火星绕太阳公转 42 次的时间里，地球经过火星 37 次，那么我们应当认为火星的周期为 $1\frac{37}{42}$ 个太阳年，这个数字同样等于 1.88 年。

　　想象哥白尼在波兰的午夜时分通过星盘观测星象。"另外，我观测到了火星与钳爪座①第一颗明亮的恒星——'氐宿一（Southern Claw）'——相合的现象……"他画出偏心圆 ABC，两个细长的三角形连接着 ABC 与本轮 BF。由此，哥白尼算出了火星的平均轨道圆半径为黄道半径加上 31′11″。

　　现今的火星轨道半径数值为 1.524 天文单位，也就是说约为黄道半径的 1.5 倍。把哥白尼得到的 31′ 除以 60，得到 0.517，再加上一个黄道半径单位，即 1AU，我们便得到了 1.517，与现在的数值很接近。这么精确的结果完全是利用古代观测中的圆和角计算得到的啊！"就火星而言，我利用地球的运动，以一个固定的比例表明了它的位移、大小、距离。"

---

① 指天秤座。

第五卷　第4—36章：拯救水星免受伤害和批评

我们现在知道，影响每颗行星"恰当的运动"的因素不仅有偏心率，还有与黄道的交角，更不用说行星的赤道与公转轨道平面的倾角了。冥王星在许多方面都不对劲，但它的转轴倾角为122°28′，低于金星的177°18′。冥王星的轨道倾角①最大（17°8′），其次是水星（略大于7°）。要是它们的赤道倾角和水星一样，轨道倾角和地球一样就好了，这两个数字都绝对为0②！这样的世界多么符合亚里士多德，哦不，多么符合《圣经》的描述啊！但我们还是要面对不完美的现实，面对这个充斥着倾斜球体的去中心化宇宙。

至于我们所说的偏心率，即偏离正圆的程度，哥白尼的观点很明确——不允许有任何偏离！因为他可以用另一个偏心圆来消除不规则形状。那么，他是该用一个偏心圆加上另一个偏心圆，还是用一个偏心圆套着一个本轮呢？对我们的英雄哥白尼来说，两种方法都具有吸引力。他伤心地写道："该行星的这种复合运动扫出的轨迹并非正圆，而是与正圆存在微小差异的曲线，这与古代数学家的理论不一致。"不要紧，"我们将通过观测结果证明，这些假设足够解释表象"。

他将水星从偏心匀速圆中拯救了出来，让它"免受伤害和批评"，用一个偏心圆将它围起来，再用一个更大的偏心圆围住这个偏心圆，以此取代讨厌的偏心匀速圆。"按此方法画好图后，

---

①　这里指行星绕太阳公转轨道平面与黄道平面的倾角。由于黄道平面即地球公转平面，所以后文说地球轨道倾角为0°。

②　水星的"赤道倾角"（指黄赤交角）约为0.034°。

所有这些（点）依次落在线段 AHCEDFKILB 上。"同时他将水星的公转周期定为 88 天，这与现今 87.969 的数值相差无几。

下一步呢？"利用这些表中的数据，我便能毫无困难地计算出五颗游星的黄经位置。"因为在自己的体系中加入了地球的运动，哥白尼才比前人更接近所谓的绝对真理。也许正是这种理论与现实的一致性，让他能够拯救托勒密的本轮（至少就地外行星而言），方法是通过将本轮转换为以平太阳为中心的圆轨道（这些行星的偏心圆则变为以平太阳为中心的纵向轨道）。

他把以地球为中心的几何学应用到了土星的位置上，在书中做了一页又一页的讨论（数个世纪以后，一位专家对哥白尼表示了一定程度的钦佩，他说，哥白尼"对各个行星的日心纬度和地心纬度的描述具有独创性，虽然不算成功"）。土星在占星学中的形象是一个老头，通常身穿一袭黑衣，拿着一把镰刀或其他弯曲的工具。我想，之所以产生这一形象，可能是因为土星年特别长①。从土星与太阳的距离来看，这一富有诗意的形象也是准确的。土星远离太阳的光照，处在一个冰冷、黑暗的世界，但冥王星比它还远，所以我们把冥王的名字和冥王的黑暗与死亡联系在了一起。

借助托勒密的数据，哥白尼发现，1514 年的某一天，土星与天蝎座"额头"部位的两颗恒星位于一条直线上。利用视差、平太阳位置、偏心圆 ABC、三角形的比例等数据，他计算出了土星与地球之间的最大与最小距离。他对木星做了同样的计算，并补充道："所有结果都与我关于地球运动和均匀运动的假设完全吻合。"他独自坐在弗龙堡的家中，头顶上的行星不停地向东转动着。

---

① 土星公转周期约为 29.5 年。

评　价

我们该给哥白尼写一篇什么样的墓志铭呢？

"在箱子里腐烂"

库斯勒参加过多次革命性的运动，因此他应该比我们更了解情况。在他看来，《天球运行论》的作者"并不是一个具有原创性的思想家，甚至不是一个进步思想家"，而只是亚里士多德以及托勒密的修正主义者（而托勒密是亚里士多德的修正主义者，他比亚里士多德更看重数学，并淡化了元素说）。应该把《天球运行论》视为"通过调换轮子顺序来修补一架过时机器的最后尝试"。

库恩比库斯勒更公正、更善良，他的评价是："哥白尼尝试围绕转动的地球设计一种本质上遵循亚里士多德理念的体系，但他失败了。他的追随者们看到了这一革新产生的后果，整个亚里士多德体系完全崩塌了。"

阿斯格·亚伯对《天球运行论》持否定态度，认为这部书"与《天文学大成》极为相似，二者只有两点不同。《天球运行论》包含宇宙论，而且严格遵从匀速圆周运动这一原则"。

桑蒂利亚纳表示："哥白尼的伟大著作已经流传了半个世纪，

但在此期间，人们对它的主要态度是怀疑。一些浪漫、无畏的人被书中新颖的观念所吸引，但他们却没法掌握这一体系中难以弄懂的细节问题。"

不过，在埃尔布隆格（Elblag）①，哥白尼显然被当成了具有威胁性的人物。早在 1533 年，新教徒就创作了一部反对他的假面剧，剧名为《愚笨的舞台》。"他被描述成一个高傲、冷漠、超然的人，不仅对占星学有所涉猎，认为自己受到了上帝的启发，而且有谣言称，他写了一部巨著，这部书放在箱子里，已经腐烂了。"

2000 年，一位梵蒂冈天文学家笑称："实际上，哥白尼所展现的哥白尼体系只不过比托勒密体系稍微简单了那么一点……开普勒发现行星的轨道是椭圆形的，这是近一百年以后的事了。"当然我们得承认，《天球运行论》"在之后的 50 年里备受推崇……"

英国皇家航空学会的一名会员对天文学的发展做了如下总结："行星，即所谓的'游星'让我们难以理解，给我们带来的难题最多。到了 16 世纪，开普勒把这些难题都解决了。"这位作者甚至都没提到可怜的哥白尼。就让《天球运行论》在箱子里腐烂吧！

错误的假设，正确的展现

"开普勒把这些难题都解决了。"好吧，那开普勒说了什么呢？虽然他同样不知道牛顿的引力概念，但他还是意识到，位于

———————

① 埃尔布隆格，波兰北部城市。

中心的太阳以某种方式推动了行星的运转。他大胆地写道："不存在本轮这种其他类型的小圆。"除了把哥白尼的行星轨道从圆形改为椭圆形，他还对行星的运动做出了合理解释。他断言，从行星到太阳的半径在相同时间内扫过的面积相等（下文将做讨论），这和托勒密的偏心匀速圆相比当然是一大进步。不过，开普勒写得最漂亮的著作是《哥白尼天文学概要》（*The Epitome of Copernican Astronomy*），他在书中恭敬地称哥白尼的学说为"哥白尼的哲学"（the Philosophy of Copernicus，大写字母是他自己标的）。

1594 年，一位英国天文学家对哥白尼独特的日心观念做了评价："借助错误的假设，他对天体的运行做出了前所未有的最正确的展现。"

20 世纪的天文学家伯纳德·洛伊耳爵士认为哥白尼的观点"基本正确"，而在 19 世纪中叶，我们的老熟人赫歇尔（他本人也是一位伟大的科学发现者）在他的《天文学纲要》（*Outlines of Astronomy*）一书中简单明了地写道："本书从一开始即视哥白尼体系为不证自明的真理。"

注解：第六卷

　　"对我来说剩下的问题是研究引起行星黄纬偏移的运动，"哥白尼在最后一卷的开头写道，"并说明在这种情况下，地球的运动为何同样能发挥支配作用，给它们确立运动的规律。"

　　如今的天文学致力于为我们描述邻近天体的化学成分、表面温度、形态，甚至地形，这是因为它们的轨道已经被计算出来了。我们得知，某某行星绕太阳公转的平均轨道半径为某个数值，偏心率为某个数值。这些信息出现在一张表格的一列，或者出现在一句介绍性文字的一个从句里。这已经不再是新闻了。我在笔记本电脑上写这本书时，享受着奢华的待遇：我可以在自己写下的文字与一个天文学程序之间来回切换，利用这个程序，我能够从任意一点观看旋转中的行星，还可以选择是否显示星座标签和黄道。地球一圈圈转着，从地球上看，火星弯来扭去。我们之所以能做到这一点，哥白尼学说的荣耀功不可没。托勒密的译者是这样说的："一旦做出了哥白尼体系的假设，我们立马就能用托勒密提供的数据进行推导"——视差圆、黄经变动、本轮半径，等等——"**我们无须进一步观测**，也能推导出对开普勒和牛顿而言极其重要的两类数据：（1）行星绕太阳公转的周期；（2）行星与太阳的相对距离。"

　　这就是《天球运行论》第五卷的成果。

　　第六卷实际上只是第五卷的一个简短补充。在这一卷中，哥白尼还有一项工作要做。他解释道："只有确定了行星相对于黄道的黄经和黄纬，才能得出行星的真实位置。"

我对《天球运行论》的介绍有一个最大的失败之处，那就是对天体位置的处理。我本来应该用一点篇幅向诸位介绍星盘和星位尺的制作过程，描述每件工具的运行方式、通过目镜看到的景象，然后详细介绍如何使用哥白尼的星表，这样我们就能充分理解观测数据是怎样转换为位置信息的。不幸的是，我每次尝试这样做的时候，都需要用比哥白尼的原文多一倍的篇幅才能解释清楚。因此，我虽然天真地希望本书是对《天球运行论》的阐释，但它其实更接近于对一些阅读《天球运行论》时都可能碰到的问题的讨论。要想了解**去中心化的地球**，手头上最好备有一本职业天文学家写的指南，要是有这本指南的话，它的书名应该叫做《如何建造并利用自家后院的星位尺，附全部星表，并更新了土星外行星的星历》。这样一来，诸位便能更好地判断哥白尼下面这段自吹自擂的话究竟有没有道理："因此，通过假设地球处于运动状态，我也许能以更为简洁和合适的方式证明古代数学家认为通过静止的地球所能论证的事情。"对于这段引文，我只怀疑"更为简洁"这四个字。

第六卷　第1—8章：倾角、倾斜度、偏差度

在第五卷中，哥白尼告诉我们如何计算"五颗游星的黄经位置"，即这些行星朝平太阳位置以西偏移的距离。我在此略过他计算校正后的行星视差的枯燥方法（如果这一数值"大于一个半圆"，应将其与校正后的视差偏离值相加，反之则减去这一偏离值）。所得数值即表示行星的位置，减去平太阳位置后，即得到"该行星在恒星天球中的位置"。在第五卷中，哥白尼为我们做了

这些计算。

接下来，他开始研究行星的一类不均匀视运动，这类运动并非由行星与地球上的观测者之间相对于黄道平面的位置差和速率差所引起，而是由行星相对于黄道的倾角所导致。

哥白尼在第四卷讨论月球的运动时，引入了**交点**（nodes）这一概念。他在第六卷中承认交点这个概念是由托勒密提出的，并再次使用了这一概念，所以我还是介绍一下：交点指的是一颗行星的轨道平面与黄道相交的点。"黄纬的偏离皆从交点处测量。"因此，升交点指的是行星"进入北天区"的起点，而降交点即行星进入南天区的起点。简而言之，哥白尼所说的"**偏离**"（digressions）指的是"相对于黄道的偏离"。我们可以通过托勒密观测到的两次火星偏离来理解这一概念：当火星与太阳相冲且"纬度达到最南边的极值"时，其偏离数为7°；与太阳相合时，偏离数仅为5′，"此时火星几乎掠过黄道"（对了，火星的偏离度在所有行星中是最大的）。

托勒密把"行星在平黄经时"的黄纬值称为**轨道倾角**（orbital inclination，我们现在将其定义为天体轨道相对于黄道的倾角）；把行星位于高、低**拱点**时的黄纬值命名为**倾斜度**（obliquation，拱点指的是两个天体在轨道上相距最近的点①），雅各布森对这个概念的解释更清楚一些："行星均轮倾角的小幅度周期性波动……第三个（黄纬值）与第二个相合。"托勒密将此黄纬值定义为**偏差度**（deviation）。雅各布森的解释是："本轮所在平面的波动。"在我们讨论金星轨道的那一章里，这位天文学家已经抨击过这一概念。的

———

① 一般定义为在轨道上运行的天体距引力中心（旋转中心）最近或最远的点。

确，**倾斜度**和**偏差度**如今已经派不上什么用场了（由于这个原因以及其他种种原因，第六卷的内容让人完全无法接受）。哥白尼没能预测到未来的情况，所以他采用了这些术语来解释行星轨道围绕黄道的均匀运动。对于三颗地外行星，哥白尼引入了天平动（libration）的概念——这对于匀速圆周运动的信徒而言是个好消息，因为这样他就可以说"对于产生天平动的星体，我们必须取极值之间的平均值"。金星与水星则表现出另一种天平动。当然了，此处的讨论已经进入了极为专业且具体的层面，超出了我自己浅薄的知识范围。每颗行星都被单独列出来讨论，例如："水星与金星的不同之处在于，它的天平动产生的位置并不在与偏心圆同心的一个圆上，而是在与偏心圆不同心的一个圆上。"不过，无论是哪一种情况，天平动都被定义为最大倾角与最小倾角的差值（这一定义非常合乎逻辑），该差值的一半即为平均倾角。

接下来，哥白尼继续用托勒密对**偏离**的观测数据来计算土星、木星、火星的轨道倾角（他将利用所得的轨道倾角数据来计算视黄纬的度数）：

行星	最大倾角	最小倾角	现今数值
土星	2°44′	2°16′	2°29′
木星	1°42′	1°18′	1°19′
火星	1°51′	9′	1°26′
金星	3°29′	46′	3°12′
水星	6°15′	7°	7°

现今的倾角数值显然与哥白尼计算的最大倾角值非常吻合。

至于偏差度，由于这只是一个过时的错误概念，我就只给诸位引述下面这条永恒的准则："金星的偏离总是向北，而水星的偏离总是向南。"虽然这个说法符合观测结果，但偏差度这个概念本身和托勒密的偏心匀速圆一样都是错误的。

第六卷　第 9 章："水星的情况例外"

在最后一章里，哥白尼用了两页的篇幅大致介绍如何"计算五颗游星的纬度"。我们知道，当哥白尼提到"纬度"（latitude）时，他指的有可能是赤纬度数、纬度方向的倾斜度，或纬度方向的偏差度。不过，他在这里指的是"主要纬度"①。将另外三个度数计算出来，若三者皆为正或皆为负，则将三者相加；如果不是，则将同号的两个数相加，再减去另一个数，"余量即为我们所求的主要纬度"。这就是《天球运行论》整部书的结尾——典型的哥白尼风格！土星、木星、火星的黄纬表与金星、水星的黄纬表有几个共同的列标签，但二者的不同之处在于，后者有"偏差度"和"倾斜度"这两列标签，而前者则细分了"南""北"两列。地外行星的黄纬表有一列叫做"比例分数"，而地内行星有一列叫做"偏差度的比例分数"。这一章的正文充斥着让人看了头大的句子，例如"……水星的情况例外，若偏心圆的近点角及其数字位于表格的第一列，则须减去倾斜度的十分之一；若偏心圆近点角及其数字位于表格第二列，则须加上倾斜度的十分之一。所得的差或和应予以保留"。简而言之，这些文字让人"心中不禁战栗"。

---

① 这里指黄纬。

简洁性

　　如果我们假设地球在运动，而不是太阳在运动，会出现什么结果？托勒密欣然承认："就星体的表象而言，也许这种更为简单的推测最能与表象相吻合。"不过，"考虑到我们周围天空的情况，这种观念看来十分荒唐"。还记得奥卡姆剃刀原理吧？（我得承认，这一原理在托勒密死后很多年才问世，不过我也得指出，托勒密与他的后辈大体上都努力遵循这一原理。）该原理建议我们接受与事实相符的最简单的假设。开普勒的阐释更切合实际："天文学有两大目标，一是拯救表象；二是思索世界的真实形态。"公元 151 年的观测条件还不足以推翻关于"我们周围天空中"星体运动的亚里士多德式的假设。因此，托勒密将自己的过人才智投入到"拯救表象"之中，对宇宙做出了看似合理实则错误的阐释。这种阐释虽然错误，但乍看之下的确还挺合理。当代一位天文学家评论道，本轮维护了地心体系长达 2000 年，因为这一模型"相当准确地描述了行星在黄经方向的角运动，其精度与现代的观测精度大致相等……实际上，根据理论与观测相符合的现代标准，我们甚至可以说，本轮是科学上可以接受的一种模型"。但是，表象没有完全得到拯救。正如我们所见，随着时间的推移，我们对简洁性的要求也在提高，然而为了解释新出现的与模型不一致的现象，古人添加了越来越多的本轮和偏心匀速圆，使得模型愈加复杂。

因此，《天球运行论》出现了。

占星师也需要哥白尼

哥白尼的那些疯狂的理念在箱子里腐烂以后，世界上又发生了什么？意在展现所有科学革命的库恩是这样说的："有一段时间，尽管这些理念在科学思想的大环境下难以置信，但它们仍被专家所采用。"没错，《天球运行论》出版后不到十年，伊拉斯谟·赖因霍尔德（Erasmus Reinhold）在他的《普鲁士星表》（*Tabulae Prutenicae Coelestium Motuum*）中就利用了哥白尼的几何方法来编制地外行星表，同时却和其他人一样认为地球当然是静止不动的。"在每一件作品中，都可看到以符号和度数表示的恒星与行星的位置、运动、形态，以及这一切与环境的长度和纬度有何关系，角度因此而各有不同，天体放射出的光线描摹出这些角度，天上的美德据此而得到注入。"这段文字出自一位神秘学者，写于《天球运行论》出版258年之后。这段话表明了占星师的需求及其原因。《天球运行论》给予了很多他们想要的事物。太阳位于白羊宫19°时对我们的控制力达到最大，而位于天秤宫19°时，其力量最为微弱。既然如此，较为精确的哥白尼学说可以降低我们弄错良辰吉日的可能性，比如可以让我们避免将原本在礼拜三下午举行的婚礼误定于礼拜四上午。哦，你说哥白尼否认太阳在运动？不要紧。我们是采用他的工具，并不是工具制作者（太阳在运动吗？上文的那位神秘学者对此避而不谈——诸位也许会觉得，都1801年了，他应该服输了吧。可他没有，态度还傲慢得很）。

到了1575年左右，对哥白尼学说的所谓"维滕贝格阐释"（由维滕贝格大学的一众名士——包括梅兰希通在内——所创立）

接受了第二卷到第六卷的数学方法，同时仍然拒绝接受第一卷的日心说。格里高利历于 1582 年得到应用，历法对于年份的修改有一部分要归功于哥白尼的数学方法。哥白尼的追随者甚至会说，由于哥白尼发现了回归年的长度，格里高利历的精度才达到了每三千年差一天。而雅各布森与他们意见相左，他告诉我们，"在人们接受日心说的观点后，情况并未立即产生明显的改观……这主要是由于（哥白尼计算的）距离和黄经数值仍然基于不含偏心匀速圆的圆形均轮，因此误差相当大。"17 世纪伊始，哥白尼学说的这一缺陷鼓励了那些喜欢以奥西安德尔的观点来解读日心说的人。

雅克·巴尔赞（Jacques Barzun）认为，《天球运行论》"确实提出了一个重要的改变，但是它并不像大家通常认为的彻底打破了先前的学说，哥白尼的理论引起了新的困难，而那些拒斥他理论的人并不是罔顾事实的顽固分子"。然而，支持哥白尼学说的秘密团体渐渐出现了一些活跃、公开、世俗的人，因为这些"新的难题"逐渐进入了人们的视野。

到了哥白尼开始写作《天球运行论》的时候，托勒密的宇宙体系已经满是补丁和膏药，就像托勒密本人的尸首一样——假如 16 世纪有哪位追求完美的人打算让这尸首复活过来的话。对宇宙模型的简化是《天球运行论》存在的首要原因。

"……水星的情况例外……须减去倾斜度的十分之一。"诚然，《天球运行论》的成功之处在于它对宇宙模型进行了无情地简化，而失败之处则在于它对圆周轨道这一观念紧抓不放。由于当时观测条件的限制（第谷·布拉赫之前），这一观念并不能被"表象"完全证伪，但肯定也无法被证实。哥白尼承认："我们有必要将所有经过修正的不均匀位移视为速率差，并用于证明过程中。"

一部 20 世纪的天文学百科全书表达了对哥白尼的抱怨："他的行星理论并不比前人的理论更准确地再现观测值。"但即便是无法接受日心说的占星师，也拥护他的体系所具有的预测能力。哥白尼的学说不知不觉就被公开了！1619 年，伟大的荷兰制图师琼·布劳（Joan Blaeu）在一幅世界地图中展现了哥白尼体系……

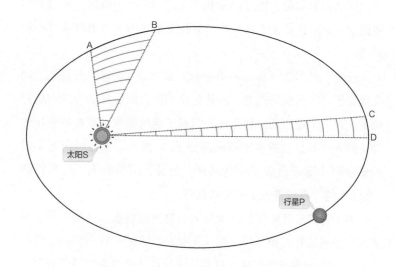

图 19　开普勒第二定律：相同时间内扫过相同面积

行星轨道终于变成椭圆了！匀速圆周运动还有戏吗？

开普勒承认，行星 P 在围绕太阳中心旋转的过程中，时而加速，时而减速，但角 ASB 与角 CSD 包含的面积相同，虽然后者更长、更窄。因此，P 经过弧 AB 与经过弧 CD 所用的时间一定相等。故 P 经过 AB 时的速率大于经过 CD 时的速率。这一现象很快就会有一个根本性的解释：引力。

科学进程与奥卡姆剃刀

如果要对所谓的"哥白尼革命"做一个简短描述，我们可以这样说：哥白尼体系的预言能力愈发不可阻挡了。托勒密的天文学理论只能被动而又徒劳地修改着一项又一项预测。开普勒对行星轨道的精确近似——行星在椭圆轨道上运行，**相同时间内扫过相同面积**——与哥白尼的日心说相结合，就能很好地解释行星运行速率的改变，因此本轮和偏心匀速圆便再也派不上用场了。奥卡姆剃刀原理再次发挥了作用：如果我们用不着画一圈又一圈的圆就能解决问题，那还要这些圆圈干什么呢？

等到牛顿用更为简洁、更为普遍的平方反比定律（引力大小与距离平方成反比关系）来解释开普勒的定律时，我们就会发现为什么开普勒对行星轨道的近似只能称为"近似"：每个椭圆轨道都被相邻行星的引力扭曲了！对轨道扭曲的研究导致了库恩所说的"天文学的最大胜利之一"：1846 年，有人仅凭数学推算就发现了海王星。托勒密的理论永远做不到这一点。

啊，但这些进展发生得如此缓慢！威廉·赫歇尔爵士（Sir William Herschel，就是我在本书中常常提到的那个赫歇尔的父亲）于 1781 年发现天王星，但那是出于偶然……

搜寻往昔的宝藏

我们不必气馁：虽然思维惯性、运动惯性和静止惯性减缓了科学进程，但在科学这一领域中，不存在所谓的死胡同——或者说，死胡同也传达了某种信息。我们在迷宫里生活，在迷宫里思考。每当我们拐个弯，遇到一面空白的墙（blank wall）① 时，我们对这座迷宫又多了一些了解。占星学、炼金术、李森科（Lysenko）② 的生物学、托勒密的天球，所有这些学说都对我们有所助益。我在本书中提到的托勒密、哥白尼、开普勒的大部分著作都被归入一卷，成为了"西方世界的伟大著作"（*Great Books of the Western World*）丛书的一部分，从某种意义上说，它们的确**属于同一卷**。《天文学大成》的译者在讨论本轮和偏心匀速圆的部分加了这样一条脚注："这三点——偏心匀速圆圆心、均轮圆心、黄道中心（其中均轮圆心位于另外两点中间）——通过哥白尼式的转换，可以表示开普勒的椭圆轨道的两个焦点和中心，而且比例保持不变。"让我大吃一惊的是"比例保持不变"。如果是这样的话，我们怎么能说托勒密是错的呢？科学发展的进程并不是哥白尼把托勒密的理论扔进垃圾堆，然后牛顿又以同样的方式处理了开普勒。事实上，科学的发展是一代代学者共同努力的结果，这其中有奇特、美丽的因素，甚至关乎灵魂。

在本书开头，我提出过这样一种观点：翻看往昔的宝藏对我们没什么害处。至此，诸位读者和我已经一起看了不少前人的断句残章。我希望大家和我一样开始相信这一点：任何事物都有一定的价值，无论它曾遭到多少怀疑。

例如，约翰·鲍尔爵士（Sir John Ball）③ 是这样说的："有关天球这一荒谬概念的巨大难题全都消失了，因为人们再也无须

---

① "空白的墙"，比喻无法克服的障碍，类似"死胡同"。

② 特罗菲姆·邓尼索维奇·李森科（1898—1976），苏联生物学家、农学家，乌克兰人。

③ 约翰·鲍尔爵士（1948—），英国数学家，曾任牛津大学色德来自然哲学教授，欧洲科学院院士。

认为所有的恒星与地球等距。"但我们同时也看到，直到今天，水手仍在使用天球这一概念，因为它的假设能够简化导航过程。一位天文学家在写给我的批注中表示，他自己偶尔也会使用天球模型，"因为我们能够精确地从两个维度（即物体在天球上投影的位置）来测定一个物体的位置，而相比之下，我们对于距离的测定还相当粗略。"另外，开普勒保留了恒星天球，他认为恒星天球"类似世界的肌肤"，也可以说是"河床"，"阳光如同河流在这河床中流淌"。不过，开普勒并不认为天球是现实存在的实体，因为第谷的观测证明，彗星穿过了本来是天球边界的地方。此外，火星轨道上那些讨厌的逆行使得火星天球与太阳天球相交。那他为什么还需要恒星天球呢？很可能因为他是一位"圣经"天文学家。他需要这种简洁性。

那么，地心说呢？就连地心说也存续至今，因为"宇宙如同西伯利亚大陆，地球也许是其中的一座夏威夷岛"①。这幅简洁的图景也许有一定的道理，无论它是否有科学依据。既然我们可以爱护离开了宇宙中心的脆弱的地球，那我们为什么不能找回一些因为不再相信地心说而失去的东西呢？

伽利略为什么还坚持认为天体的轨道是正圆呢？本书讨论的核心内容——所有这些错误的正圆模型——又是怎么回事呢？它们难道不是毫无价值的垃圾吗？赫歇尔认为哥白尼的理论"与其说是一个物理理论，不如说是一个几何概念，因为这个理论需要

---

① 据大陆漂移假说，夏威夷群岛源于大陆板块碰撞的连锁反应。一个叫科里亚克的大陆板块从太平洋中部出发一路漂移到西伯利亚，并与西伯利亚板块碰撞拼合。科里亚克板块漂移后在太平洋板块上留下了深切割的海沟，使得这些区域洋壳变薄，成为薄弱带，后期由于受到太平洋四周大陆板块的挤压，使得太平洋深处的岩浆沿着薄弱的深切割海沟喷（涌）出，产生了这些岛链。

什么运动，就假设出什么运动"。哥白尼的理论中不存在引力概念（我说过很多次了），而且还有匀速圆周运动这种谬论——天体的运动不**存在**动量不变的情况。不过，**角动量**就是另一回事了，它的定义涉及行星公转轨道的中心点 A（在这里指太阳），可用如下公式表示：

$$\vec{J}_a = \vec{p}\vec{D}$$

其中 $\vec{J}_a$ 为一角动量（方向垂直于太阳平面），$\vec{p}$ 为一动量矢量（动量等于行星质量与轨道速度的乘积），而 $\vec{D}$ 为太阳到行星的直线距离，方向与 $\vec{p}$ 垂直。

当只有一个力作用于该行星，且这个力总是指向太阳时，角动量守恒。开普勒所说的"相同时间内扫过相同面积"简单来说就是：行星绕太阳转动的角动量守恒。

从某种意义上来说，哥白尼在给教皇的献词中所说的"均匀运动的神圣原则"仍然存在，只不过这一原则先是经过了开普勒的拓展和抽象，随后牛顿又使之普遍化，变得更加符合表象，只是对我们的感官来说没那么显而易见了（我们的感官错以为整个宇宙都围着我们转）。

但宇宙在尖叫

长篇大论就写到这里吧，其实这些话也是一种曲解。

请读者将本书从开头到这部分的内容视为介绍性文字。我们如今拥有足够多的信息来展现作用于《天球运行论》背后的力量，尽管我们展现的内容也许较为粗略或者过于直观。在下一章，亦即本书的最后一章里，我们将要讲述的不是哥白尼，也不是哥白尼革命，而是哥白尼主义。

真理的代价

……真理与世界的结构是一致的，二者具有相同的界线。然而，基督教在谬误的周围搭起了樊篱……防止谬误冲出来。

——开普勒（写于 1618—1621 年）

美第奇星

1610 年是吉利的一年，在这一年的第一个月的"夜里的第一个小时"，伽利略"发现木星旁边有三颗小星星，虽然比较小，但极其明亮（我之前从未发现，因为那时候用的工具不够好）。虽然我相信这三颗星是恒星中的成员，但我还是对它们感到好奇，因为它们看上去正好位于与黄道平行的一条直线上，而且比其他同等大小的星星更灿烂"。在之后的几个晚上，这些星星的位置和数目都发生了改变，但一直没有远离木星，"无论那颗行星逆行还是直行，这些星星都跟着它，"因此，"它们肯定在围绕木星旋转，与此同时，它们也围绕着宇宙中心以 12 年一个周期的速度旋转"。

伽利略利用他书中提到的四颗"美第奇星"（截至我写作本书时，人类又发现了 59 颗类似的星体，其中 23 颗是在 2003 年这一年内发现的）来反驳批判哥白尼的人，这些人"一听说只有月球围绕地球转，就大受刺激……有人认为，应当拒绝接受这种宇宙结构，因为它在现实中不可能存在"。

地心说的维护者也许可以用这种想法安慰自己：至少这些新发现星体的局部轨道证实了托勒密——当然还有哥白尼——的本轮模型。但是，即便传统的简化几何模型能得到维护，仍然存在一个不可忽略的事实：天体的运行轨道并不一定是同心圆！所以，木星卫星的发现给我们古老的完美宇宙划开了又一道伤口，这个宇宙中的无数天球曾经专注地围绕着我们以及我们的命运旋转。

托勒密的地心说观点可以总结如下：形状为"合理的球形"的地球静止于天宇的几何中心，而天宇也是"球形的，并且运行轨道亦为球形"。直到今天，这一理论似乎也非常符合我们的常识。与《天文学大成》相比，《天球运行论》不仅有失简练，而且也不符合常识。但是托勒密要怎么解释木星卫星显然不以地球为中心的运动呢？看见了吧，人类的观测范围才刚开始扩大。

托勒密曾说："现在，我们采用了之前有关太阳的证明，认为太阳并未出现明显的视差——这不是因为我们没有意识到计算出的太阳视差将会对这些问题产生影响，而是因为我们认为就表象而言，这样并不会带来明显的错误。"我们可以把他的观点视作一个寓言的开头。人类终将把一切都计算出来，到了那个时候，原本无伤大雅的小瑕疵也会变成明显的错误。这就是寓言的结尾。谁能想到呢？总有一天，哥白尼也会面临同样的遭遇。

我们的"去中心化"未免也太畏首畏尾了！哥白尼始终坚信，地球对与其相邻的行星而言有至关重要的地位，地球的运动"使它们的圆周轨道的次序和大小呈现出绝妙的和谐以及确切的比例"。(诸位觉得我们这颗小小的星球会对木星的轨道形状产生多大的影响呢?)第谷做了那么多年的观测,仍然不相信地球不在宇宙中心。有什么奇怪的?就连哥白尼也只不过前进了一小步,他只是说"令世界的中心为 F"(记住,这里的"世界"即指**宇宙**),而 F 几乎就是太阳的位置。1621 年,伟大的开普勒才把地心说远远地抛到身后,转而"讲授整个宇宙的构造,其中太阳位于宇宙中心"。为了捍卫太阳的中心位置,开普勒援引圣经天文学中的类比:太空中的太阳、恒星以及它们之间的行星等同于圣父、圣子、圣灵!而现代天文学告诉我们,太阳只不过是一颗普通的气体恒星,它在宇宙中渺小如沧海一粟。

我们将宇宙视为一个广阔而漆黑的地方,其中散布着星体与尘埃。哥白尼的"世界"和开普勒的一样,仍然是个有中心的宇宙(中心位于太阳或太阳附近),仍然充满温暖的阳光:"由于世界的其他部分纯净无瑕,充满了日光,因此我们有理由认为,夜晚不过是地球的阴影,其形状如同圆锥,尾端为一点。"

曾经的宇宙是完整的;宇宙曾经**属于我们**。《圣经》告诉我们,上帝"使太阳白日发光,使星月有定例,黑夜发亮"。根据这段经文以及《天文学大成》的逻辑,月球天球在末日审判来临之前都不会改变。然而,这个时代的天文学专家声称(我正是在这个不幸福的时代生活、写作),月球正逐渐远离我们(虽然我们这些门外汉没法判断这话是否有道理),任何事物都不存在所谓的固定次序。所以路德才惊呼:"那个傻帽竟然想推翻天文学!《圣经》里都说了,约书亚的命令是让太阳停住,不是让地球停住。"

可怜的哥白尼!瞧瞧那些新教徒是怎么贬损他的!菲利普·梅兰希通说:"谨慎的君主们应当限制住人类的这种放肆之举。"

据说加尔文（Calvin）① 曾这样斥责过他："谁敢把哥白尼的权威置于圣灵之上？"（但是我没法弄到加尔文的著作，因为我住的这地方像瓦尔米亚一样偏僻。另一位权威人士向我担保："加尔文从来没听说过哥白尼，所以不会对他有什么看法。"）

曾经，昼夜的长度随季节而变，但同样的周期总是在不断重复。而如今，上文提到的那些专家告诉我们，这一周期并非固定不变，事实上，早在世上第一个男人和第一个女人犯下原罪之前，昼夜的周期就一直在变化着：在距今数亿年前的寒武纪，地球的自转周期只有 21 小时。有朝一日，这个周期会变成 60 天。

如今，**一切**都不再永恒。一切都在背离我们，逐渐衰朽。我们认为这是理所当然的事。20 世纪末的一本天文学教材贯穿着这种思想，书中总结道："有一种哲学将人类视为不变的环境中永远不变的物种，这种哲学观点从短期来看也许能够成立（比如一辈子的时间，或者几百年），但在宇宙尺度上是无法成立的。"那些憎恨哥白尼的教士如果看到了这段话，会有什么想法呢？

是什么动摇了宗教信仰？哲学家埃米尔·法肯海姆（Emil L. Fackenheim）发出了这样的疑问。他自己的回答如下："多数人会说是现代科学。肇始者是哥白尼，他向我们表明，地球只不过是无数星体之一。后来的达尔文继续发扬科学精神……最后在弗洛伊德那里达到顶峰……"

雅克·巴尔赞则认为，哥白尼把地球从宇宙中心移开，是帮了我们的忙："过去的人自认是可怜的罪人，害怕震怒的上帝会用瘟疫、饥馑和地震来惩罚他们。"一位 20 世纪初期的物理学家更为乐观，他认为，哥白尼革命的成就是"天体力学的最终胜

---

① 指约翰·加尔文（1509—1564），法国神学家，宗教改革家。

利——这一胜利推翻了行星对人类生活的长久统治地位"。可就算他们说得没错，就算旧宇宙受到人们的批判、诋毁，它至少获得了关注。而现在，我们却开始担忧奥古斯丁所说的"上天对我们的权威统治"也许只是徒有虚言。伽利略发现木星卫星200多年后，尼采写道："上帝已死。"

假如空间大部分是虚无的，甚至组成我们身体的原子大部分也是虚空呢？我们忍受不了这种观念。（在此引用《二十世纪天主教百科全书》中的一句话："我们现在知道，地球和其他行星是太阳这颗恒星的卫星，而太阳则是银河系这个庞大系统的一部分。"）开普勒反对这种可能性，断言："太阳是整个世界中最重要的天体。"

坚定的哥白尼主义者

旧宇宙发出了尖叫。但有人会为它辩护，尤其是新任教皇乌尔班八世（Urban VIII）及其副手。一位比我宽容的历史学家把他们称作"科学时代的第一批稀里糊涂的受害者"。旧宇宙拒绝科学对它的破坏，这是可以想见的。彼得·德·伯特（Pieter de Bert）① 于1604年在荷兰莱顿市出版了一本书，书中主张地球静止于宇宙中心。我们得知，只有克拉科夫、牛津、萨拉曼卡三地从未公开反对哥白尼体系。这份本来就很短的名单可能还要除去牛津，因为在1583年及1584年，乔尔丹诺·布鲁诺这位好战的禁书读者大胆地在牛津讲授哥白尼的学说，没过多久，他就和听

---

① 又名彼得鲁斯·伯蒂乌斯（Petrus Bertius，1565—1629），佛兰德斯神学家、历史学家、制图师。

众吵了起来（如下事实可证明他对地心说造成了威胁：他被天主教徒和加尔文教徒双双逐出了教会）。没错，旧宇宙坚守着自己的地位，在牛津，地球依然是静止不动的！

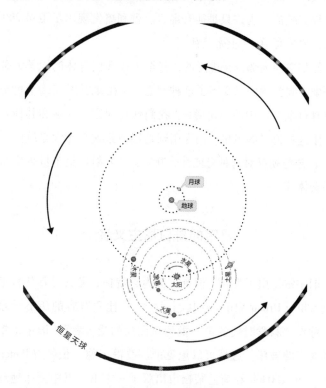

图20　第谷·布拉赫的宇宙模型（比例尺与哥白尼模型相近）

　　该模型仍然假设星体做匀速圆周运动。本轮、偏心率等在该图中未显示。

　　年轻的第谷·布拉赫早就发现，哥白尼的预测比阿方索星表更精确。我们之前说过，第谷缺少测量恒星视差的方法，而哥白尼的理论又需要恒星视差来证明，因此，他没能摆脱旧宇宙的观念：他提出，虽然一部分行星有可能围绕太阳旋转，但太阳以及所有其他星体仍绕地球旋转。

在我们看来，第谷的理论体系就像他本人的鼻子一样虚假——第谷在一次决斗中被对手用剑削掉了鼻子，于是他只好用金银的混合物做了一个假鼻子。不过，这一体系和哥白尼体系一样，都能很好地"拯救表象"。毫无疑问，有一些人肯定庆幸于当时的观测局限使得第谷体系延续了数年而未受质疑。一部分虔诚的信徒甚至到了 19 世纪都还相信地心说。

旧宇宙发出了尖叫，但人们对它的抨击愈发无所顾忌。虽然《天球运行论》的首版自始至终都没有卖完，但盖有奥西安德尔的印章在纽伦堡出版的那个版本却很受欢迎，此版于 1560 年在巴塞尔重印，又于 1617 年在阿姆斯特丹印了第三版。乔尔丹诺·布鲁诺在经历了之前的事件后，非但没有学乖，还口出狂言，说奥西安德尔的序言肯定是个无知的蠢货写给其他无知蠢货的。换句话说，地球确确实实在运动！

布鲁诺要求我们把哥白尼的话当作确切的事实，正如同圣经直译主义一样。那我们又该把《圣经》放到什么地位？

"布鲁诺的态度再激进不过了，"历史学家杜加斯（Dugas）[①]写道，"他彻底摧毁了亚里士多德的体系，为一门新科学扫清了障碍，虽然他不是这门科学的创始人，但他奠定了这门科学的形而上学。"如果这段话的意思还不够清楚，那我再引用同一文献中的另一句话："布鲁诺是个坚定的哥白尼主义者。"

有人对哥白尼和布鲁诺的思想做了如下区分：哥白尼认为宇宙有限，而布鲁诺认为宇宙无限。难怪"教会把压抑许久的怒火

[①] 勒内·杜加斯，著有《力学史》（*A History of Mechanics*）。

都投向了布鲁诺"。

1589 年，布鲁诺第三次被逐出教会，这一次是黑尔姆施泰特（Helmstedt）① 那些善良的路德会教徒干的；1590 年，他被禁止在法兰克福居住；1591 年，一位贵族引诱他回到意大利，然后背叛了他；1592 年，他在威尼斯开始接受"异端审判"。宗教裁判所将他引渡到了罗马，他在那里受到了精心设计的、长达七年的指控——看见了吧，这些地心说的拯救者和科学家一样，都是善人！教皇谴责了他。1600 年 2 月 8 日，布鲁诺对裁判官说了这句著名的话："我想，诸位宣读判决时的恐惧，甚于我接受审判。"九天后，布鲁诺被烧死在火刑柱上。行刑前，他的嘴里被塞了布，免得他临死前的喊叫破坏了完美的宇宙。

"你一定感到了莫大的喜悦吧"

伽利略忽视了奥西安德尔的序言中隐含的警示，所以他才和布鲁诺一样对哥白尼的著作做了字面解读："噢，尼古拉·哥白尼，如果你亲眼看见自己体系的这一部分被如此明白无误的现象所证实，那你一定感到了莫大的喜悦吧！"他应该说，哥白尼一定感到了莫大的**恐惧**。伽利略对此也应该感到十分恐惧吧……

我们知道，他联系过另一位危险的颠覆分子——开普勒，并向开普勒承认，他是一名秘密的哥白尼主义者。他并非没有意识到危险，在一封写给开普勒的信中，他承认了自己的恐惧……

他发明的望远镜发现了月球陨石坑、太阳黑子。有人说"哥白尼假定宇宙是和谐的，并以此作为重新排列宇宙的主要理由"。

---

① 黑尔姆施泰特（Helmstedt），德国下萨克森州东边的一个城市。

可是，这所谓的"和谐"给我们带来了什么啊！这尘世中到处都有患病的人。难怪那么多人拒绝透过伽利略的望远镜看上一眼。我觉得傅科摆也不会受到这些人的欢迎。

"新兴价值观仍在寻求理智的证明"

1593 年，开普勒写了一篇论文，论述的是月球和旋转的地球。他的一位同学打算就该主题举行一场辩论，因此向图宾根（Tübingen）大学的院系领导请求批准。这一请求被善良的路德会教徒拒绝了，因为他们要维护旧宇宙。不久后，他们还查禁了开普勒的第一本书《宇宙的奥秘》（*Cosmic Mystery*）的第一章，因为此章反驳了《圣经》中与哥白尼观念不同的阐释。

不出所料，开普勒的另一项事业仍在继续。1605 年，他提出了椭圆轨道假设，但推迟了论著的发表——换作是哥白尼也会这么做。1611 年，图宾根大学拒绝给予开普勒教授职位，因为他很可能"引起本校的巨大骚乱"。用更含蓄的话来说，就是"中世纪传统、保守的元素尚未终结，它们与仍在寻求理智证明的新兴价值观往往水火不相容"（语出自哥白尼的前辈——库萨的尼古拉）。

我要用多少种方式强调多少次这一观点，才能让各位读者——还有我自己——从感情上理解这一点呢？我们怎么能感受得到哥白尼所摧毁的那个旧宇宙呢？我们从未在其中生活过，也很难想象那是什么样子。"人是万物的尺度。"如今还有哪个物理学家、化学家，或者生物学家会以这样的方式来实践自己的专业？一位研究早期基督教象征意义的历史学家说，很久以前，"整个宇宙……皆由上帝的符号组成，或者说整个宇宙都可以成为一个神的符号"。我们现在可以无拘无束地想象亚略巴古的伪丢尼修在哥白尼出生一千年前所构想的内容：闪电、火焰、不可言喻之物、未知事物。它们的确存在，存在于超新星和黑洞中，存在于人类尚未探索过的广阔太空里。对我而言，这些已经足够了。但是图宾根大学的那些学富五车的博士们怎么可能对此感到满足？他们所捍卫的地心宇宙对称性落得了什么样的下场？

1619 年，开普勒的《哥白尼天文学概要》被列为禁书。他的母亲曾因被指控使用巫术而受审，甚至被押入刑讯室。噢，他确实有着神秘的身世。他是个危险人物！他在一封私人信件中坦白道："我的书讲的都是哥白尼的理论。"

"安全回到了坚实的地球上"

我这本小书以奥西安德尔序言的寓言作为开始，也以此作为结尾。

我们可以把"圣经天文学"和日心说看作两个不同的天体，它们围绕着共同的"太阳"——未知事物——转动。有时它们处于下合位，幸运的哥白尼生逢此时，所以得以安然无恙地从事他的工作。但由于在不同的轨道上运转，它们注定要渐行渐远，直到上合位。布鲁诺和伽利略所遭的厄运既是由于他们对日心说的狂热宣扬，也同样是由于生不逢时，恰好赶上了这个"上合位"。

1536 年，红衣主教舍恩贝格尚可能提出过为哥白尼的著作出版提供资助。而在 1612 年，保罗·瓜尔多（Paolo Gualdo）对伽利略发出警告："就地球转动问题而言，我至今尚未发现有哪位哲学家或占星师愿意赞成阁下的观点，至于神学家，就更不可能同意这种观点了。因此，请再三考虑是否应坚持此观点，毕竟在与人争论时，我们可能会说出许多欠考虑的言论，坚持这些言论并非明智之举。"

换句话说，奥西安德尔的序言就像月亮和星辰一样：它们的存在都是有原因的！

但是伽利略做出了不明智的举动：他仍然坚持自己的观点，而哥白尼则谢绝了红衣主教舍恩贝格的好意。两位英雄的人生真是天壤之别啊！

一位现代天文学家认为（他有显而易见的理由这样认为），哥白尼"乐意发表行星位置的表格数据，但不想因发表新理论而惹怒他的同僚"。有人说，哥白尼最怕同僚轻视他；还有人说"不应该对那个时代的风气抱有幻想……哥白尼很清楚，他的周围危机四伏"。没错，他踩着猫步，小心翼翼地通过了有争议的区域！1539 年，支持哥白尼的雷蒂库斯准备了一份《天球运行论》前四分之三内容的概述，在这份概述中，雷蒂库斯不提哥白尼的名字，只称他为"我的老师"或"博士先生"——想必是哥白尼让他这么写的。

伽利略似乎没有感到丝毫恐惧，不但如此，他还发表充满**义愤**的言论，维护死去的哥白尼，称其为"我们的老师"。在与人争论时，我们可能会说出许多欠考虑的言论，坚持这些言论并非明智之举。奥西安德尔拯救了哥白尼，使得他避免了这种不明智的做法。但保罗·瓜尔多无力劝阻伽利略，伽利略在一条提前给自己写好的墓志铭中称哥白尼"获得了不朽之名，这声名只为少部分人所知，但他又退回到了大众之中（所谓的大众便是蠢人的代称），受人嘲笑、羞辱"。

这就是哥白尼。

这就是伽利略，他继续向前，准备给我们的宇宙划开新的伤口！

他不仅发现了太阳黑子，更要命的是，还追踪了它们的动向，从而证明了太阳的自转。不过这并没有摧毁地心说，托勒密允许天体围绕地球公转的同时绕自身轴线自转……

伽利略抱怨那些不愿意透过他的望远镜看上一眼的人，称他们"冥顽不灵"。他难道没看出来，这些人拒绝使用望远镜对他而言——正如对哥白尼而言——也许是一种保护吗？

红衣主教贝拉尔米诺在寄给保罗·安东尼奥·福斯卡里尼（Paolo Antonio Foscarni）的一份友好的信件中写道："在我看来，大人您和伽利略先生行事谨慎，因为二位只是以假设的方式表达自己的观点，而并未把话说绝。我一向认为这就是哥白尼的说话方式。"

换言之，如果对日心说稍加掩饰，让这一学说的本质不那么赤裸裸地呈现出来（就像遮蔽在薄雾和树木之中、若隐若现的波兰教堂塔楼一样），人们本来是可以容忍它的。

伽利略还是不听劝。

宗教裁判所这种地方向来无视被告人的权利，而且往往以莫须有的罪名把人抓进去。用一位历史学家的话来说，"这一系统倒很像是魔鬼发明出来的。"至于伽利略，我们得承认，他不断犯下"把话说绝"的罪行。所以他们监禁了他，好让我们不受到他的蛊惑。

学者泰代斯基（Tedeschi）在分析了两卷记录罗马及其他地方的宗教裁判所从 1580 年到 1582 年的判决资料后，得出如下结论：在所有这些判决中，接近一半都是在威尼斯共和国进行的，接近一半的罪行都与新教有关，"魔法"和"巫术"的罪行比例略高于四分之一，而"反抗"这一罪行则几乎不存在（225 个案例中只有 10 例）。简而言之：地方主义盛行，最受重视的罪行不是黑魔法和类似的极端颠覆行径，而是与天主教同宗同源的新教。这符合我们对尘世间的问题的预期。那么，"反抗"这一少数类别的罪行情况如何呢？这似乎是伽利略所犯的一类罪行。那时候反抗权威的行为果真如此罕见吗？

好吧，他确实是个罕见的异类。哥白尼轻声告诉其他学者："我们的任务是求出逆行弧段的一半，即 FC。"但伽利略却高喊：**地球在运动！**

所以他们才逼他宣布放弃真理：

> 宗教法庭宣判我有重大的异端嫌疑，也就是说，我持有并相信如下观点：太阳是世界的中心，且静止不动，而地球并非世界中心，且处于运动状态⋯⋯

——这是邪恶的、哥白尼式的学说。伽利略双膝下跪，宣布放弃这一学说。他的未来是这样的：耻辱、恐惧、软禁至死。旧宇宙得救了。

1616 年，一个叫魁伦戈（Querengo）的人在听说《天球运行论》被列为禁书，"直到改正"后（开普勒的《哥白尼天文学概要》两年后也将遭遇同样的命运），得意洋洋地写道："现在，我们终于安全回到了坚实的地球上，不必像围着球爬行的蚂蚁一样跟着地球一道飞行了⋯⋯"

年　表

约公元前 120 年	希帕克斯发现二分点岁差。
公元前 384 年	亚里士多德出生。
公元前 347 年	柏拉图逝世。
约公元前 340 年—公元前 320 年	亚里士多德写作《物理学》《论天》等著作。
公元前 322 年	亚里士多德逝世。
约 151 年	托勒密完成《天文学大成》。
约 1200 年	大阿尔伯图斯·马格努斯出生。
1252 年—1262 年	卡斯蒂利亚国王阿方索十世组织一批犹太及阿拉伯天文学家编纂《阿方索星表》，用于预测行星位置。
1415 年	扬·胡斯（Jan Hus）因异端邪说被处决。
1416 年	布拉格的哲罗姆因异端邪说被处决。
1473 年	**哥白尼在托伦出生。**
1483 年	哥白尼的父亲逝世。
1483 年	《阿方索星表》首版问世（在威尼斯出版）。

约 1491 年	哥白尼开始在位于克拉科夫的雅盖隆大学学习文科。
1492 年	哥伦布发现美洲。
1494 年	哥白尼在博洛尼亚大学学习法律。
约 1512 年	哥白尼将日心说的理念付诸文字，写在《短论》一文中。
1522 年	环球航行（发端于麦哲伦探险队）。
1540 年	雷蒂库斯的《初述》在格但斯克（Gdansk）发表（于前一年写成），该文总结了《天球运行论》的部分内容。
1542 年	教皇保罗三世"复兴"宗教裁判所。
1543 年	**哥白尼的《天球运行论》出版，几乎与哥白尼逝世同时。**
1545 年—1563 年	天特会议要求天主教徒拥护《圣经》和不成文的教会传统。
1546 年	第谷·布拉赫出生。
1551 年	伊拉斯谟·赖因霍尔德的《普鲁士星表》采用了哥白尼的数学方法，但对日心说持否定态度。
1553 年	迈克尔·塞尔韦图斯（Michael Servetus）因异端邪说（包括天文学）被烧死在火刑柱上。

1564 年	伽利略·伽利莱出生。
1571 年	约翰尼斯·开普勒出生。
1577 年	第谷断言，地球才是日心体系的中心。
1600 年	乔尔丹诺·布鲁诺被烧死在火刑柱上。
1601 年	第谷·布拉赫逝世。
1610 年	伽利略发明望远镜。
1613 年	伽利略《论太阳黑子的书信》证明了太阳在旋转。
1615 年	宗教裁判所展开对伽利略的第一次调查。
1616 年	**梵蒂冈的宗教法庭的神学家宣布日心说及地球运动说为荒谬的异端邪说。哥白尼的《天球运行论》正好充斥着这些谬见，因此该书被责令"暂停发行，直到这些谬见得到改正"，并被列入《禁书目录》。**
1618 年—1621 年	开普勒的《哥白尼天文学概要》出版。
1620 年	**《天球运行论》被"改正"：有关"该书字面所述即为事实"的九点主张被删除。**
1630 年	开普勒逝世。
1633 年	伽利略宣布放弃哥白尼的异端邪说。
1639 年	首次观测到金星凌日。
1642 年	伽利略逝世。

1643 年	艾萨克·牛顿出生。
1727 年	牛顿逝世。
1757 年	教皇本笃十四世撤销了对哥白尼著作（不包含未改正的论著）的禁令。
1781 年	威廉·赫歇尔爵士发现天王星。
1835 年	**哥白尼的《天球运行论》被移出《禁书目录》。**
1838 年	F. W. 贝塞尔测得恒星系统天鹅座 61 的视差，从而证明了地球的公转。
1846 年	海王星被发现。
1849 年	约翰·赫歇尔爵士的《天文学纲要》出版。
1851 年	通过傅科摆，地球的自转首次得到经验性证明。
1915 年	阿瑟·霍利·康普顿（A. H. Compton）用另一种方法证明了地球的自转——让一根注满水的管子旋转，管中的水出现科里奥利效应。
1930 年	冥王星被发现。
1934 或 1935 年	第一张展现地球曲度的照片问世（红外胶片，从一个气球上拍摄而得）。

术语表

"托勒密术语"（Ptolemaic）一词指的是已融入托勒密体系的术语，其中有一部分由托勒密的前辈创立（例如偏心圆这一概念）。"哥白尼术语"（Copernican）一词亦然。

反照率（**albedo**）：从行星或恒星表面反射出去的光的比例。

距角（**angular elongation**）：行星与太阳，或行星与卫星之间沿黄道方向的夹角，从地球上测量（以太阳以东或以西××度表示）。

不规则运动（**anomaly**）［托勒密术语及哥白尼术语］：一种规则运动，但与另一规则运动结合在一起，会使得后者看上去不规则。

远日点（**aphelion**）：行星、卫星、小行星等星体在其公转轨道上距太阳最远的点。

远地点（**apogee**）：围绕地球旋转的天体在其轨道上距地球最远的点。

拱点（**apsides**）［托勒密术语及哥白尼术语］：两个天体在运行过程中相距最近以及最远的点。

陨星坑（**astrobleme**）：天体表面的"斑点"，由另一天体（如小行星）撞击产生。

天文单位（**astronomical unit**）：基于黄道半径的一种测量单

位。地球与太阳的平均距离即为 1 个天文单位（1AU）。

大圆（circle, great①）：一球体与经过其球心的平面相交所得的圆，因此我们把一个天体平分为两个对称半球的圆称为"赤道"②。

下合（conjunction, inferior）：两颗行星相距最近时（位于太阳同一侧，与太阳位于同一直线上）即处于下合位。若其中之一为地球，则"合"相是相对于太阳而言。

上合（conjunction, superior）：两颗行星相距最远时（分别位于太阳两侧，与太阳位于同一直线上）即处于上合位。

赤纬（declination）：天体相对于地球赤道平面的角度，表示为地球纬度在天球上的投影。

均轮（deferent, circular）［托勒密术语］：天体公转的大圆轨道。均轮上运载有一个或多个**本轮**。

偏差度（deviation）［哥白尼术语］：本轮所在平面的波动。哥白尼称其为第三种黄纬值，与第二种黄纬值［称为**倾斜度**（obliquation）］相合（《天球运行论》第六卷第 1 章）。

偏心圆（eccentric）［托勒密术语及哥白尼术语］：围绕地球、太阳等天体旋转但不以这些天体为圆心的**均轮**。

轨道偏心率（eccentricity, orbital）："天体运行轨道偏离正圆的程度，计算公式为（L－S）／（L＋S），其中 L 和 S 分别为该轨道的长直径和短直径。"

黄道（ecliptic）［托勒密术语及哥白尼术语，二者各有不同］：地球绕太阳公转的轨道。哥白尼将其定义为"通过黄道十

---

① 即 great circle，下面相同格式的术语以此类推。
② 赤道的英文 equator 的词根 equ 即"相等，平均"之意。

二宫中心的圆，地球中心在黄道下面做圆周运动"。托勒密的定义自然与此相反，即太阳绕地球旋转的视运动轨道。

倾斜的黄道（**Ecliptic, oblique**）：参见**黄赤交角**术语。

行星本轮（**epicycle, planetary**）［托勒密术语］：一种假设的分运动圆周轨道，目的是将不规则轨道转化为正圆轨道。为达到"拯救表象"的目的，可添加任意数目的本轮。可以想象成一个个互相嵌套的轮子。围绕地球的月球轨道（地球同时围绕太阳转动）即为一例。

偏心匀速点（**equant**）［托勒密术语］：数学上假设的一个点，行星相对于该点的运动是均匀的。该点并不位于行星公转轨道的圆心。哥白尼摒弃了这个"拯救表象"的方法，因为它相当牵强。

天赤道（**Equator, celestial**）：参见**天球**术语。

春/秋分点（**equinoxes, vernal and autumnal**）：黄道与天赤道的两个交点，托勒密的定义是"守卫（太阳）北向路径的为春分点，与之对应的即为秋分点"。这两个对距点的时间分别为 3 月 21 日和 9 月 23 日，只有在这两天，地球上所有地方的昼夜长度才相同（赤道上的昼夜长度永远相同）。

轨道倾角（**inclination, orbital**）［托勒密术语及哥白尼术语］："行星在平黄经时"的黄纬值。我们现在将其定义为天体轨道相对于黄道的倾角。

黄纬（**latitude, celestial**）："在垂直于黄道且经过被测点和黄极的圆上测量，大小范围为 0°—90°。"与地球纬度在天球上的投影（即**赤纬**）是两个**不同**的概念。

天平动（**libration**）［哥白尼术语］："完全属于两极的两种往复运动，就像悬挂起来的天平一样。"尤指地球的天平动。

光年（**lightyear**）：光在一年的时间中走过的距离，约为 9.46×10^{12} 千米。

黄经（**longitude, celestial**）："在黄道上测量，大小范围为 0°—360°，方向为**春分点以东**。"与地球经度在天球上的投影（即**赤经**）是两个**不同**的概念。

斜动（**loxosis**）［托勒密术语］：行星在其理论运行轨迹内的摇晃。

星等（**magnitude**）：天体的亮度，现在以亮度的对数表示。

经线（**meridian**）：过行星自转轴的平面与行星表面相交而得的圆。

天球子午圈（**meridian, celestial**）：地面观测者所在位置的经线在天球上的投影。

交点（**node**）：卫星或行星的轨道平面与黄道的交点。

倾斜度（**obliquation**）［哥白尼术语］："行星均轮倾角的小幅度周期性波动。"哥白尼在《天球运行论》第六卷第 1 章中引入这个概念，将其定义为行星位于高、低**拱点**时的黄纬值。

倾斜角（**obliquity**）：天体轨道平面与天体赤道之间的夹角。

黄赤交角（**obliquity of the ecliptic**）：地球赤道与黄道平面之间的夹角，约为 23°27′。如果指地球以外的其他天体，黄赤交角显然为**该天体**的赤道与黄道平面之间的夹角。

掩星（**occultation**）：较小的天体消失在较大天体背后的现象。詹森提醒我们："该天体的角大小（或者说视觉大小）小于另一天体即满足条件。月掩恒星的现象常常发生。当然，恒星实际上比月球大得多，但由于它离我们很远，比月球远得多，因此它的角大小要比月球小得多。"

冲（**opposition**）：天体与太阳看上去在天空中呈180°关系。

轨道（**orbit**）：天体围绕另一中心天体公转的路径。

视差（**parallax**）：当参照点改变时，给定的一个前景物相对于一个背景物产生的位置改变，以角度来度量。有人曾这样反驳哥白尼的理论：假如地球真的围绕太阳旋转，那么应该存在恒星视差才对。恒星视差的确存在，但由于恒星离我们太过遥远，远得超出当时人们的想象，因此在《天球运行论》出版之后的数个世纪里，恒星视差一直无法测量出来。行星的视差在当时即可测得。哥白尼借助行星视差对一些现象做了解释。

轨道周期（**period，orbital**）：天体公转一周所需时间。

恒星周期（**period，sidereal**）：天体围绕另一天体公转一周的时间（詹森的补充："相对于恒星而言"）。对地球而言，一个恒星周期为365天6时9分9.5秒。

会合周期（**period，synodic**）：一个天体与另一天体的相对位置循环一次的时间。对月球而言，一个恒星周期为27天7时43分11.5秒，会合周期则为29天12时44分2.8秒，这是因为太阳的视位置在此期间也在向东移动。

近地点（**perigee**）：围绕地球旋转的天体在其轨道上距地球最近的点。

近日点（**perihelion**）：围绕太阳旋转的天体在其轨道上距太阳最近的点。

天顶（**Pole，celestial**）：参见**天球**术语。

地轴进动（**precession**）：受太阳和月球的引力影响，地球绕其自转轴的缓慢摇晃。一个完整的地轴进动周期约为25 800年。

逆行（**retrograde**）：行星围绕地球的视运动看上去在倒退的情形。

方照（**quadrature**）：天体与太阳看上去在天空中相隔90°。

赤经（**right ascension**）地球经度在天球上的投影。

长期（**secular**）：持续时间非常久。

夏至（**solstice，summer**）：黄道上距北天极最近的点，也指一年当中太阳最偏北的一天，这一天（北半球）的白昼时间最长。

冬至（**solstice，winter**）：一年当中太阳最偏南的一天，这一天（北半球）的黑夜时间最长。也指黄道上距北天极最远的点。

恒星（**star，fixed**）［哥白尼术语及前哥白尼术语］：除"游星"（即行星）之外的星体，因为古时候人们认为所有恒星都嵌在宇宙最外层天球上（即固定在此天球上），而这个天球围绕我们旋转，每24小时转一圈。

月下界（**sublunar realm** 或 **sublunary realm**）［哥白尼术语及前哥白尼术语］：月球天球之下的地球区域。亚里士多德学派的学者声称，由四种基本元素组成的月下界无法逃脱死亡、堕落、无常的命运。而"月上界"，也就是月球之上的天界，充满了一种永不衰朽的元素：以太。月上界中的天体也是不朽的。

会合（**synodic**）：一个天体与另一天体的相对位置循环一次的时间。

凌日（**transit**）：天体经过另一天体的现象①（从第三个天体上观测）。本书中与此最为相关的例子便是1639年发生的金星凌日。

颤动（**trepidation**）［古代天文学术语，相当于进动；哥白尼术语，与进动概念相结合］："分点与至点的周期性波动，由黄道倾斜度的浮动引起。"

---

① 一般指内行星经过日面，故译名为"凌日"。

回归线（tropics）［哥白尼术语及前哥白尼术语］：天球上的两条纬度线（与天赤道平行），视太阳位于黄道最北端与最南端的边界线（±23°27′）。也指地球上对应的两条纬度线（23°27′N 和 23°27′S）。

世界（world）［哥白尼术语及前哥白尼术语］：宇宙。

恒星年（Year，sidereal）：参见恒星周期术语。

天顶（zenith）：观测者头顶正上方的点，位于天球上。

见此图标
微信扫码

辅助阅读：哥白尼与《天球运行论》。

致 谢

非常感激我的编辑杰西·科恩（Jesse Cohen）先生同意让我去了解哥白尼及其学说；感谢苏珊·戈洛姆（Susan Golomb）女士发起这一项目；感谢苏珊的助理金·戈尔茨坦（Kim Goldstein）女士，聪敏而勤奋的她减轻了我的程序性负担，请允许我吻一下她的手。排印编辑玛丽·N. 巴布科克（Mary N. Babcock）女士礼貌地纠正了我的许多错误。阿德里安·基青格（Adrian Kitzinger）先生将我的示意图修改得相当漂亮，詹森博士也做了不少宝贵的修改。莱斯莉·德弗里斯（Leslie DeVries）女士给予了我有关天文学知识的帮助和鼓励。我还想感谢约翰·德凯尔（John DeCaire）先生开车带我去参观有关哥白尼的图书馆，感谢他的友好陪同。

图书在版编目（CIP）数据

地心说的陨落：哥白尼与《天球运行论》/（美）威廉·T.
沃尔曼著；张英杰译. —广州：广东人民出版社，2021.4
书名原文：Uncentering the Earth：Copernicus and the Revolutions
of the Heavenly Spheres
ISBN 978 - 7 - 218 - 14768 - 0

Ⅰ. ①地⋯ Ⅱ. ①威⋯ ②张⋯ Ⅲ. ①日心地动说
Ⅳ. ①P134

中国版本图书馆 CIP 数据核字（2020）第 250405 号

DIXINSHUO DE YUNLUO：GEBAINI YU《TIANQIU YUNXING LUN》
地心说的陨落：哥白尼与《天球运行论》

[美] 威廉·T. 沃尔曼 著 张英杰 译   🅖版权所有 翻印必究
出 版 人：肖风华

项目统筹：施 勇 陈 晔
责任编辑：陈 晔 钱 丰 皮亚军 张崇静
责任技编：吴彦斌 周星奎

出版发行：广东人民出版社
地　　址：广州市海珠区新港西路 204 号 2 号楼（邮政编码：510300）
电　　话：(020) 85716809（总编室）
传　　真：(020) 85716872
网　　址：http：//www.gdpph.com
印　　刷：广州市岭美文化科技有限公司
开　　本：880 毫米 × 1250 毫米 1/32
印　　张：7.125　插　页：2　字　数：169 千
版　　次：2021 年 4 月第 1 版
印　　次：2021 年 4 月第 1 次印刷
著作权合同登记号：图字 19 - 2020 - 084 号
定　　价：58.00 元

如发现印装质量问题，影响阅读，请与出版社（020 - 85716849）联系调换。
售书热线：(020) 85716826